ATLAS DES DÉVELOPPEMENTS DURABLES

Un monde inégalitaire, des expériences novatrices, des outils pour l'avenir

Dirigé par Yvette Veyret et Paul Arnould
Préface de Michel Hagnerelle
Cartographie : Cyrille Suss et Claire Levasseur

Éditions Autrement
Collection Atlas/Monde

Direction de l'ouvrage

Yvette Veyret est professeure à Paris X-Nanterre, présidente du CNFG (Comité national français de géographie). Spécialiste de l'environnement, elle travaille sur les risques et sur le développement durable. Elle est vice-présidente du Conseil scientifique de l'AFPCN (Association française de protection contre les catastrophes naturelles). Elle s'intéresse à l'approche géographique de la nature. Elle est l'auteure, seule ou en collaboration, de plusieurs ouvrages sur l'environnement, les risques et le développement durable. Elle a écrit les pages 20-21 et 66-67.

Paul Arnould est professeur de géographie à l'ENS LSH de Lyon, responsable de l'équipe de recherche du CNRS « Environnement, ville, société », secrétaire général du CNFG (Comité national français de géographie), vice-président du Groupe d'histoire des forêts françaises et membre du conseil scientifique du GIP Écofor (Écosystèmes forestiers). Spécialiste des forêts, il s'intéresse également aux problématiques relatives aux paysages, à la nature, à l'environnement, à la biodiversité et au développement durable. Il a écrit les pages 22-23 et 32-33.

Textes et préface

Les auteurs qui ont contribué à l'ouvrage sont présentés pages 84 à 86.
Michel Hagnerelle, préfacier, est géographe et inspecteur général d'histoire et de géographie. Il s'est particulièrement intéressé à la place de la géographie dans l'enseignement des questions environnementales. Coresponsable du dossier de l'éducation au développement durable au ministère de l'Éducation nationale, il a en charge le suivi de la généralisation de cette éducation dans l'ensemble de l'enseignement primaire et secondaire.

Cartes et infographies

Cyrille Suss, cartographe indépendant, a conçu l'ensemble de la cartographie de cet atlas. Il travaille régulièrement pour les éditions Hachette et les éditions du Chêne. Il a déjà réalisé pour les éditions Autrement l'*Atlas géopolitique de la Russie* de Pascal Marchand en 2007 et l'*Atlas des minorités dans le monde* de Roland Breton en 2008. Il a créé les cartes des pages 8 à 31 et 59 à 83.

Claire Levasseur, cartographe indépendante, a réalisé plusieurs atlas pour Autrement, entre autres l'*Atlas de l'immigration* de Gérard Noiriel en 2002, l'*Atlas de l'Afrique* de Stephen Smith en 2005, l'*Atlas des Français aujourd'hui* de Laurence Duboys Fresney en 2006. Elle a créé les cartes des pages 32 à 55.

Maquette

Conception et réalisation : EDIRE

Éditions Autrement

Direction : Henry Dougier
Coordination éditoriale : Laure Flavigny
Lecture-correction : David Mac Dougall
Fabrication : Bernadette Mercier
Communication et presse : Doris Audoux
Direction commerciale : Aude Wester

Comité 21

Cette édition a reçu le soutien du Comité 21

77, rue du Faubourg-Saint-Antoine • 75011 Paris
Tél. 01 44 73 80 00 • Fax 01 44 73 00 12 • www.autrement.com

ISBN 9782746711877
ISSN 1272-0151

Dépôt légal : septembre 2008
Imprimé et broché en France par Corlet Imprimeur SA (France)
Achevé d'imprimer en août 2008

PRÉFACE

Le chantier est ouvert…

DÉVELOPPEMENT DURABLE : NE PAS SE TROMPER DE CIBLE. Dans la surmédiatisation assourdissante qui propulse le développement durable dans tous les discours, on risque fort d'oublier qu'il s'agit de « développement humain ». Omniprésent, le slogan « Sauver la Terre ! » peut laisser croire qu'il suffirait de « préserver » des éléments naturels pour assurer l'avenir de l'humanité. La vraie question du développement durable se pose en d'autres termes, plaçant l'homme, les sociétés au cœur des problématiques : que faire pour aider les hommes à mieux vivre aujourd'hui et à bien vivre demain ? Ce qui nous préoccupe, c'est bien le « développement » et la « durabilité » de l'humanité sur la planète. Les aspects environnementaux sont assurément incontournables, mais ils doivent être mis à leur juste place dans des approches globales où les questions sociales, économiques et culturelles sont tout aussi premières.

Ne nous trompons pas de cible non plus en centrant trop étroitement nos réflexions et nos actions sur nos pays développés où, certes, il y a beaucoup à faire. Car les plus grands défis du développement durable sont au Sud ou, plus exactement, aux Suds qui aspirent naturellement à se développer… mais selon quelles modalités ?

IL EST ESSENTIEL QUE LES GÉOGRAPHES FASSENT ENTENDRE LEUR LECTURE DU DÉVELOPPEMENT DURABLE. La complexité des questions du développement durable suppose des approches globales qui imposent de confronter les points de vue des scientifiques de diverses spécialités. Dans ce vaste édifice, la géographie apporte sa contribution spécifique et stimulante, proposant une autre façon de penser le monde et de le gérer. Depuis longtemps familiers des rapports des sociétés avec leurs milieux de vie, les géographes privilégient les démarches où les entrées sociales, environnementales, économiques et culturelles sont perpétuellement interrogées dans leur relation et leur mise en résonance. Ils renvoient les hommes, les sociétés à leurs responsabilités, non pas de protecteurs mais de gestionnaires de leurs territoires, et ceci du local au planétaire, le jeu des échelles s'avérant primordial. Pour les géographes, le développement durable n'est pas un sujet de désespérance mais un projet d'action ; il ne peut se conjuguer qu'au pluriel et concerne tout particulièrement les villes où vivront les deux tiers des habitants de la planète en 2020.

CET ATLAS S'ADRESSE À TOUS. Loin des clichés, des idées reçues, des bons sentiments, de l'affectif, du catastrophisme, des messages moralisateurs et culpabilisants, des « prêt-à-penser » et des approches dogmatiques, cet atlas pose simplement les bonnes questions et n'y apporte pas de réponses toutes faites ou simplistes. Chacun y trouvera des clés d'analyse, de compréhension, des outils pour réfléchir et se forger son opinion personnelle.

C'EST AUSSI UN OUTIL MAJEUR AU SERVICE DE TOUS LES ENSEIGNANTS. Au primaire, comme dans le secondaire et le supérieur, tous les professeurs sont confrontés au défit de l'éducation au développement durable (EDD), dont le ministère de l'Éducation nationale a fait une de ses priorités. Les enjeux ne sont pas minces. Cet atlas les a parfaitement cernés. Aux professeurs de tous les niveaux et de toutes les disciplines, il propose un indispensable recentrage des problématiques, ainsi que des exemples d'actions opérationnelles ancrées dans les territoires. Aux élèves et aux étudiants, il fournit les clés de décryptage du monde d'aujourd'hui, mais aussi les moyens de se donner une vision du futur, d'un avenir qui n'est pas irrémédiablement écrit et dans lequel ils devront exercer leur responsabilité de citoyens d'une « humanité durablement installée sur la planète ».

MICHEL HAGNERELLE
INSPECTEUR GÉNÉRAL D'HISTOIRE ET DE GÉOGRAPHIE

Sommaire

économicocentré

écolocentré

sociocentré

équicentré

Dans chaque double page, figure un de ces pictogrammes qui caractérisent les trois piliers du développement durable (voir p. 8). Il résume de manière ludique les déséquilibres dans la question abordée et la marche difficile vers des approches plus harmonieuses.

NON AUX DISCOURS ALARMISTES : LES GÉOGRAPHES SE MOBILISENT

Pourquoi un nouvel atlas sur les développements durables proposé par des géographes ? La géographie, d'abord science de la nature, s'est, depuis longtemps déjà, recentrée sur les rapports nature/sociétés, la gestion des ressources, l'organisation des espaces. Elle a aussi une longue tradition de réflexion sur le développement de ce que l'on a longtemps nommé le « tiers-monde ».

L'APPROCHE GÉOGRAPHIQUE affirme la place centrale des sociétés. Il s'agit, au travers du développement durable, « d'aider les hommes à vivre et à mieux vivre » en favorisant notamment l'équité sociale et spatiale. Pour se développer, les sociétés ont besoin de ressources, renouvelables ou non. La géographie insiste sur l'usage raisonné et raisonnable de ces ressources. Elle ne prône pas une protection quasi systématique des milieux et des écosystèmes dont il faudrait exclure l'homme pour mieux les protéger, mais s'interroge sur les meilleures façons de concilier développement des sociétés et utilisation des ressources, renvoyant aux acteurs, à leurs attentes, à leurs organisations et à leurs histoires.

DE VRAIS PROGRÈS ONT ÉTÉ RÉALISÉS PAR LES SOCIÉTÉS OCCIDENTALES DEPUIS LE XVIIIe SIÈCLE, géographie et histoire intimement liées dans l'analyse du développement durable le constatent. La mortalité infantile passe de 360 pour mille en 1670 à 260 pour mille en 1789 pour les enfants de moins de cinq ans et à 3,9 pour mille en 2007. Au milieu du XVIIIe siècle, la moitié des enfants mouraient avant l'âge de dix ans et la moitié des femmes avant trente. Cet indicateur en dit long sur les progrès qui ont concerné les conditions de vie, la santé, les soins, l'alimentation, l'environnement à partir du XVIIIe siècle. De même, les villes européennes du XIXe siècle, encore exiguës, sales, dépourvues de ramassage des déchets, bruyantes, malodorantes et polluées, subissaient des épidémies avant que les progrès de l'hygiénisme ne viennent induire une nouvelle façon de vivre en ville.
Nous devons les progrès enregistrés à la science et à la technique, qui nécessitent cependant d'être considérées avec prudence. Elles ont provoqué et provoquent encore pollutions, dégradation de certains milieux, maladies diverses. L'analyse géographique affirme que leur usage, toujours indispensable, demande à être maîtrisé, encadré, à s'inscrire dans un système démocratique où s'exercent de véritables moyens de surveillance et des contre-pouvoirs efficaces.

NON AU CATASTROPHISME ! Toujours appuyée par l'histoire et la dimension temporelle de la dynamique des milieux, la géographie refuse le catastrophisme si fréquemment de mise aujourd'hui, mais déjà présent dans les conclusions du Club de Rome et du rapport Meadows.
En effet, la planète serait affectée par « une crise écologique » globale, qui se lirait au travers de la destruction des forêts, des pollutions, de la dégradation généralisée de la biodiversité, des ressources en eau et dont la cause première serait la « bombe P », une population beaucoup trop nombreuse par rapport aux possibilités de la nature... Certes,

l'augmentation de la population a fortement marqué le XXe siècle, en dépit du ralentissement récent (transition démographique). Elle implique un usage croissant des ressources planétaires, mais de nouvelles manières de produire, une diminution des gaspillages, des techniques mieux adaptées, des matériaux de substitution devraient permettre des modes de développement plus satisfaisants.

LA MISE EN QUESTION DE LA CRISE ÉCOLOGIQUE GLOBALE. En fait, cette crise, à l'origine de tous les discours systématiquement alarmistes, ne concerne pas l'ensemble de la planète ; certains secteurs sont dégradés, parfois de manière irréversible (pour une ou plusieurs générations), quand d'autres ont enregistré de nettes améliorations par de nouveaux modes de gestion. Cette crise écologique est mise en avant à partir de données qui méritent discussion. Le recul des forêts tropicales, certes réel et localement inquiétant, n'est pas identique partout. Il demeure difficile à apprécier de manière fine, en raison d'une définition très floue de la forêt et d'une façon tout aussi peu précise d'envisager la déforestation. L'hétérogénéité des données justifie tous les discours, les plus « noirs » comme les plus béatement optimistes !
Il en est de même pour la désertification ; et que dire de la biodiversité et du changement climatique ? À qui profitent ces discours de « fin du monde » ? À quels lobbies ? La stratégie de la peur et de la panique n'est pas neutre.

UNE NOUVELLE UTOPIE, une idéologie nouvelle, voici ce qu'est en fait le développement durable pour lequel la question des pays en développement constitue le problème majeur. Comment pourront-ils accéder au développement durable ? En se développant d'abord ? En assurant leurs besoins essentiels en matière de santé, d'alimentation, d'habitat, d'éducation ? Par la décroissance, comme certains l'envisagent ? Peuvent-ils adopter les modèles des pays riches, appliquer leurs solutions parfois imposées au travers des organismes internationaux (Banque mondiale ou Fonds monétaire international) ou d'ONG, bras armés des puissances occidentales ?

DES RÉPONSES À CHAQUE SITUATION. La géographie intègre pleinement le développement durable aux politiques d'aménagement des territoires, impliquant ainsi des acteurs multiples, politiques, institutionnels, économiques et citoyens. À la différence de bien des donneurs de leçons pour lesquels « il n'y a qu'à » protéger la nature, exclure les hommes de certains espaces, voire réduire leur nombre – pour les conceptions les plus radicales au moins –, la géographie ne propose pas de méthode globale, unique, valable en tous lieux et en tout temps. Consciente de la variété culturelle des sociétés, elle considère que les réponses au développement durable doivent être adaptées à chaque situation, insistant ainsi sur des développements durables et non sur le développement durable comme réponse unique et totalitaire pour l'avenir des humains sur la planète.

YVETTE VEYRET • PAUL ARNOULD

La notion de développement durable n'est pas, comme cela est parfois avancé, synonyme d'environnement ou d'écologie, pas davantage de protection de la faune et de la flore. Le développement durable défini, dans le rapport Brundtland en 1987, comme « le développement qui répond aux besoins des générations actuelles sans compromettre ceux des générations futures », s'appuie sur trois piliers – économique, social et écologique –, à quoi il faut ajouter la dimension culturelle.

> ***NON au catastrophisme systématique, à la vision stéréotypée de l'homme perturbateur, à la fétichisation outrancière de la nature.***

Pourquoi traiter DES développements durables ?

Le singulier gomme les spécificités, il oublie les emboîtements d'échelle. Pour reprendre le formidable effet de zoom effectué par Georges Pérec, dans *Penser/Classer*, le développement durable se joue dans mon bureau, ma salle de bains, mon espace domestique, mon immeuble, ma maison, mon jardin, ma rue, mon quartier, mon parc, ma ville, ma communauté urbaine, ma campagne, ma forêt, mon département, ma région, mon pays, mon Europe, mon hémisphère Nord, mon système monde…

Un compromis. L'intégration des éléments économiques, écologiques et sociaux, fondements du développement durable, doit conduire à une nouvelle manière de penser et de gérer le monde qui suppose résolues les contradictions entre développement, économie et écologie. Il s'agit d'un compromis entre les intérêts des générations futures et ceux des générations actuelles, entre les intérêts des pays industrialisés et ceux des pays en développement, y compris les pays émergents, entre les besoins des êtres humains et la préservation de la nature et de ses ressources. L'échelle retenue dans le cadre des conférences internationales réunies sous l'égide de l'ONU (Sommet de la terre à Rio en1992, sommet de Johannesburg en 2002) pour la mise en œuvre du développement durable est d'abord l'échelle globale. La conférence de Rio a mis en avant des thèmes à envisager au cours du XXIe siècle : la déforestation, la désertification, le réchauffement climatique, la biodiversité. Ces thèmes, qui font une large place au pilier écologique et laissent de côté les aspects sociaux, l'équité inter et intragénérationnelle, ont justifié, de la part des ONG de protection de la nature, des discours fortement dramatisés, fondés sur des visions parfois apocalyptiques dénonçant quasi systématiquement l'action anthropique sur les milieux.

Les trois piliers du DD

Les trois cercles harmonieusement sécants, enlacés tels les anneaux olympiques, renvoient au modèle d'équilibre que veut être le développement durable. En fait, des modèles le plus souvent dissymétriques expliquent qu'une sphère étouffe les deux autres ou que deux sphères marginalisent la troisième. De telles situations renvoient à des approches écolocentrées, sociocentrées ou économicocentrées et non au développement durable.

QUEL MODÈLE DE DÉVELOPPEMENT DURABLE ?

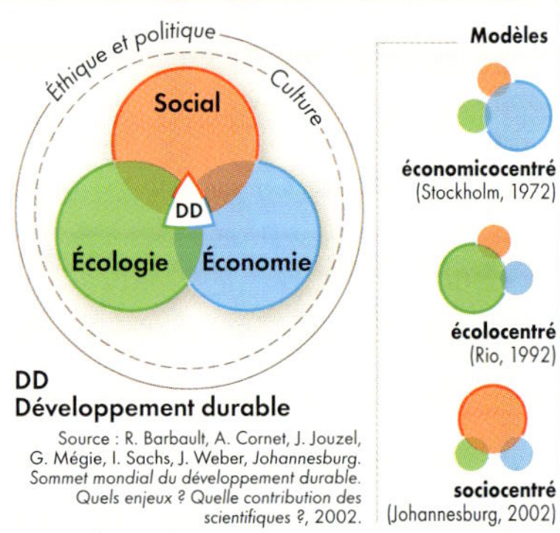

DD
Développement durable

Source : R. Barbault, A. Cornet, J. Jouzel, G. Mégie, I. Sachs, J. Weber, Johannesburg. *Sommet mondial du développement durable. Quels enjeux ? Quelle contribution des scientifiques ?*, 2002.

Les emboîtements d'échelle. Dans toutes ses composantes, le développement durable est partie prenante des politiques d'aménagement, des choix de gestion des territoires urbains, ruraux, montagnards, littoraux, forestiers, dans le but de corriger les inégalités sociales et spatiales en traitant les ressources de manière « acceptable ». Il impose de s'interroger sur la situation des pays en développement et sur leur possibilité d'intégrer le développement durable.

Des précurseurs

Les inquiétudes pour la nature et les ressources qu'elle fournit sont une préoccupation qui apparaît dès le XVIIIe siècle, en même temps que se développent les « Lumières ». Sciences et techniques prennent alors leur envol, inquiétant et entraînant des mouvements de repli (Malthus ou les géographes Marsh, Ratzel, puis les mouvements de protection de la nature autour du Sierra Club, notamment aux États-Unis - voir ci-contre).

Les forestiers prétendent avoir inventé le développement durable

Vouloir faire du développement durable une idée neuve est séduisant mais méprisant pour les réflexions menées par les générations passées, ravalées au rang d'apôtres irresponsables du jetable, de l'inéquitable, de l'instable et du périssable.

Pour les forêts, en France, les forestiers ont exhumé un texte fondateur, datant de plus de 650 ans, l'ordonnance prise à Brunoy par Philippe VI de Valois. Ils en font le « top départ » de la durabilité, arguant du fait que le terme « soutenable » y est présent. Colbert, Vauban, Réaumur, Buffon ont défendu en leur temps la notion de durabilité, sans le mot mais dans l'esprit. Les Espagnols ont élaboré de longue date des législations traduisant le souci de protéger le capital boisé. Les Allemands ont aussi leur passé de réflexion sur la question autour de la notion de *Nachhaltigkeit*. Les forestiers américains structurés par Guifford Pinchot, fondateur de l'US Forest Service, en 1905, ont dû composer, dans l'esprit du développement durable, entre les méthodes à dominante technique et économique, apprises en Europe et les nouvelles exigences éthiques, et religieuse, portées, entre autres, par Henry David Thoreau et John Muir, pacifistes, mystiques et idéalistes, prônant un véritable culte de la nature sauvage, la *wilderness*.

Le développement durable est certes une idée d'aujourd'hui mais c'est aussi une valeur de toujours.

LA LONGUE HISTOIRE DU DÉVELOPPEMENT DURABLE

ORIGINES
ÉCOLOGIQUES — **GÉOGRAPHIQUES ET ÉCONOMIQUES**
des prises de positions contradictoires

Les inquiétudes pour la nature et les grandes conférences fondatrices

Origines écologiques

- **1869** **E. Haeckel** (1834 - 1919) crée la science écologique
- **1877** **K. A. Möbius** (1825 - 1908) concept de biocénose
- **1892** Création du **Sierra Club** aux États-Unis (1)
- **1895** Paris, **protection des oiseaux**
- **1913** Berne, **protection de la nature**
- **1923** Paris, **protection de la flore et de la faune** (2)
- **1933** Londres, **protection de la flore et de la faune...** (3)
- **1942** Londres, **prot. de la nature dans l'hémisphère occ.**
- **1948** *La Planète au pillage*, **F. Osborne** (1887 - 1969) ; création de l'UIPN (4)
- **1954** Paris, **protection des oiseaux** ; Londres, **pollution de la mer** ; définition du concept de conservation de la nature entre protection et développement

Origines géographiques et économiques

- **1793** *Esquisse d'un tableau historique des progrès de l'esprit humain*, **Condorcet** (1743 - 1794)
- **1798** *An Essay on the Principle of Population*, **T. R. Malthus** (1766 - 1837)
- **1864** *Man and Nature*, **G. P. Marsh** (1801 - 1882)
- **1882** *Anthropogéographie / Économie du pillage*,
- **1891** **F. Ratzel** (1844 - 1904), école allemande de géographie
- **1905** *L'Homme et la terre*, **É. Reclus** (1830 - 1905)
- **1943 (à 1952)** *Les Fondements de la géographie humaine*, **M. Sorre** (1880 - 1962)
- **1967** *Croissance démographique et alimentaire dans les pays sous-développés*, **M. Santos** (1926 - 2001)

(1800 — 1850 — 1900 — 1950)

- **1968** Fondation du **Club de Rome**
- 1970
- **1972** **Rapport Meadows** commandé par le Club de Rome, « Halte à la croissance ? »
  Stockholm (5 au 16 juin) Écodéveloppement (conférence des Nations unies sur l'environnement)
- 1975
- **1976** Vancouver (31 mai au 11 juin) **Habitat 1** (United Nations Conference on Human Settlements)
- **1980** UICN (Union internationale pour la conservation de la nature)
  WWF (World Wide Fund, création en 1961)
  PNUE (Programme des Nations unies pour l'environnement, création en 1972)
  « La stratégie de la conservation mondiale »
  Le terme de « développement durable » apparaît
- 1985
- **1987** **Rapport Brundtland**, « Notre avenir à tous »
- 1990
- **1992** Rio (3 au 14 juin) Conférence des Nations unies sur **l'environnement et le développement** connue sous le nom de Sommet « planète Terre » (déforestation, désertification, biodiversité, changement clim.)
- **1994** Le Caire (31 août au 4 septembre) Conf. int. des Nations unies sur **la population et le développement**
- **1995** Copenhague (6 au 12 mars) Sommet mondial pour **le développement social**
- **1996** Istanbul (3 au 14 juin) **Habitat 2** (UN Conference on Human Settlements)
- **1997** Kyoto (1er au 12 décembre) 3e Conférence de l'ONU sur **le climat (protocole de Kyoto)**
- **2000** New York (22 au 26 mai) Forum du millénaire. **Développement et pauvreté**
- **2002** Monterrey (18 au 22 mars) Conférence internationale sur le **financement du développement**
  Johannesburg (26 août au 4 septembre) Sommet mondial sur le **développement durable**
- **2004** Bonn (1er au 4 juin) Conférence internationale pour les **énergies renouvelables**
- 2005
- **2006** Vancouver (19 au 23 juin) Forum **urbain** mondial / Mexico (16 au 22 mars) 4e Forum mondial de **l'eau**
- **2007** Tampa (15 au 19 mai) Congrès mondial **ressources en eau et environnement**

Les conférences se succèdent à un rythme accéléré : la biodiversité à Paris, le climat à Bonn...

(1) Il prône l'instauration d'une politique de protection de la nature (J. Muir, H. D. Thoreau et R. W. Emerson).
(2) Premier congrès international non gouvernemental.
(3) ... des beautés panoramiques en Afrique. On doit à cette conférence les définitions des parcs nationaux et réserve intégrale.
(4) Union internationale pour la protection de la nature qui deviendra UICN (Union internationale pour la conservation de la nature) en 1980.

Se nourrir : famine et obésité

Le nombre de personnes qui survivent en situation de sous-alimentation chronique – avec moins de 2 500 kilocalories par jour pour un adulte – est passé de 800 millions de personnes à la fin des années 1980 à 850 millions en 2005. Quant à celui des personnes dont les régimes alimentaires souffrent de déficits qualitatifs divers (déficits en protéines, et en particulier en protéines animales, en vitamines, en oligoéléments), il est de l'ordre de 2 milliards, ce qui représente près du tiers de la population de la planète.

LA SOUS-ALIMENTATION DANS LE MONDE (2001-2003)

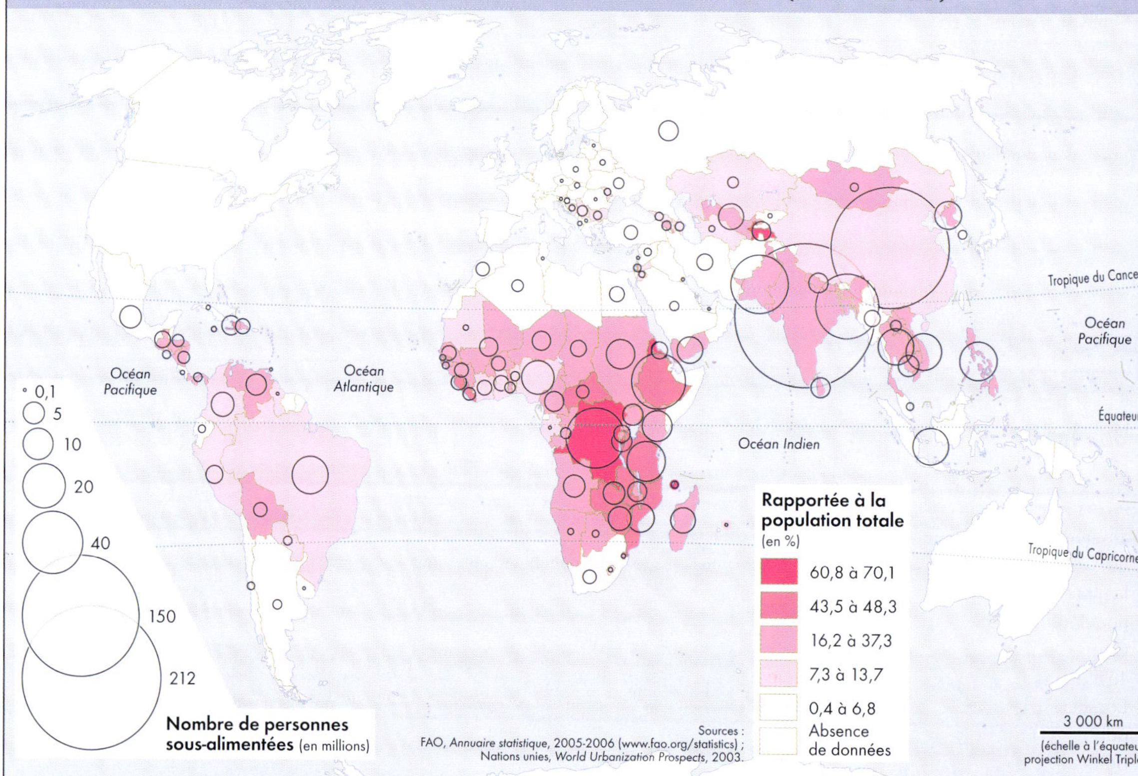

Sources : FAO, *Annuaire statistique*, 2005-2006 (www.fao.org/statistics) ; Nations unies, *World Urbanization Prospects*, 2003.

Une situation alimentaire trompeuse

Vue de façon globale, comme à partir d'une autre planète, la situation alimentaire peut apparaître satisfaisante sur la planète Terre : le terrien moyen y dispose théoriquement pour son alimentation de 2 800 kilocalories par jour, soit nettement plus que les 2 500 kilocalories par personne et par jour considérées par les nutritionnistes comme nécessaires et suffisantes. Grâce aux progrès techniques considérables depuis les années 1960, la production agricole a pu augmenter plus vite que la population, ce qui s'est traduit par une augmentation des rations alimentaires moyennes disponibles. Toutefois, depuis le début des années 2000, la consommation de céréales dans le monde a été quatre années sur cinq supérieure à la production mondiale, ce qui s'est traduit par un effondrement des stocks mondiaux de grains et par une envolée de leurs cours, envolée plus particulièrement pénalisante pour les populations les plus pauvres.

Le nombre de personnes sous-alimentées a continué à progresser au cours des deux dernières décennies sur notre planète, mais celui des personnes suralimentées et en situation de surpoids a progressé encore plus vite et lui est devenu supérieur. ”

LA SURALIMENTATION DANS LE MONDE (2005)

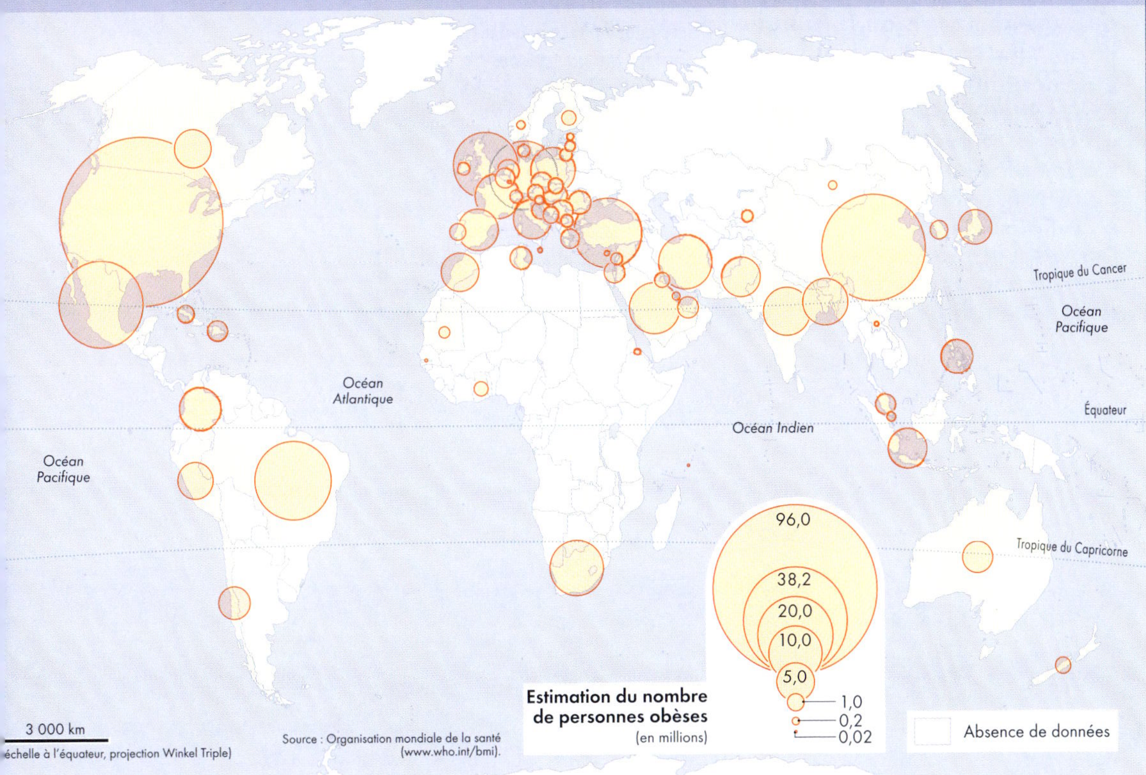

Une inégalité flagrante entre pays riches et pays pauvres

Les pays riches où les disponibilités alimentaires sont en moyenne de 3 200 kilocalories par personne et par jour comportent eux-mêmes des populations sous-alimentées – environ 10 millions de personnes –, qui correspondent à des poches de pauvreté, en général urbaines. Mais les principales masses sous-alimentées de la planète se trouvent dans les pays pauvres : 215 millions de personnes (20 % de la population totale) en Inde, 200 millions en Afrique subsaharienne, 135 millions en Chine, plus de 50 millions en Amérique latine et dans le monde caraïbe, plus de 40 millions au Proche-Orient et en Afrique du Nord...

Lorsque l'on considère les pourcentages de populations sous-alimentées dans la population totale, c'est en Afrique centrale et orientale que l'on relève les situations les plus dramatiques, avec plus du tiers des populations en situation de sous-alimentation chronique. Mais, en chiffres absolus, c'est le continent asiatique qui rassemble les plus importantes cohortes de populations sous-alimentées, avec un total supérieur à 520 millions. L'enrichissement d'une partie limitée des populations de l'Inde et de la Chine n'empêche pas ces pays d'avoir les principales concentrations de populations sous-alimentées de la planète. Dans ces pays, ce sont surtout les populations rurales, dont les niveaux de vie représentent en moyenne moins du tiers de ceux des populations urbaines, qui sont concernées par la sous-nutrition. Plus globalement, les trois quarts des personnes sous-alimentées de la planète sont des paysans.

Depuis le début des années 1990, cette situation a eu tendance à s'améliorer en Chine, en Asie du Sud-Est, en Amérique latine et, à un moindre degré, en Inde. En revanche, elle s'est dégradée au Proche-Orient ainsi qu'en Afrique centrale et orientale.

L'obésité en augmentation

Si la masse des populations sous-alimentées progresse, celle des personnes en situation de surpoids et d'obésité augmente encore plus vite. L'obésité apparaît largement représentée dans les pays riches, en particulier aux États-Unis où le surpoids concerne désormais nettement plus du tiers de la population totale. Mais les pays bénéficiant d'une rente pétrolière ainsi que les pays émergents présentent également des populations en surpoids de plus en plus nombreuses, comme on peut le constater au Proche-Orient, en Chine, au Brésil ou en Inde.

Sur le plan social, l'obésité affecte plutôt les pauvres dans les pays riches et les riches dans les pays pauvres. Des données culturelles comme le statut social de la femme interviennent également : en Afrique du Nord et au Proche-Orient, l'obésité concerne davantage les femmes que les hommes.

HABITER : OÙ SONT LES RICHES ? OÙ

Aujourd'hui, les plus grandes villes concentrent la croissance de la population : 21 mégalopoles dépassent le seuil de 10 millions d'habitants. Cette croissance s'accompagne d'un processus de métropolisation, caractérisé par l'internationalisation des fonctions urbaines et ses corollaires : étalement généralisé, fragmentation en plusieurs centres, déclassement de certains quartiers marginalisés par l'économie mondialisée et accentuation de la ségrégation sociale. Ces transformations peuvent-elle conduire à des formes de fragmentation qui remettraient en cause la capacité de la ville à faire société ?

LES MÉGACITÉS DANS LE MONDE

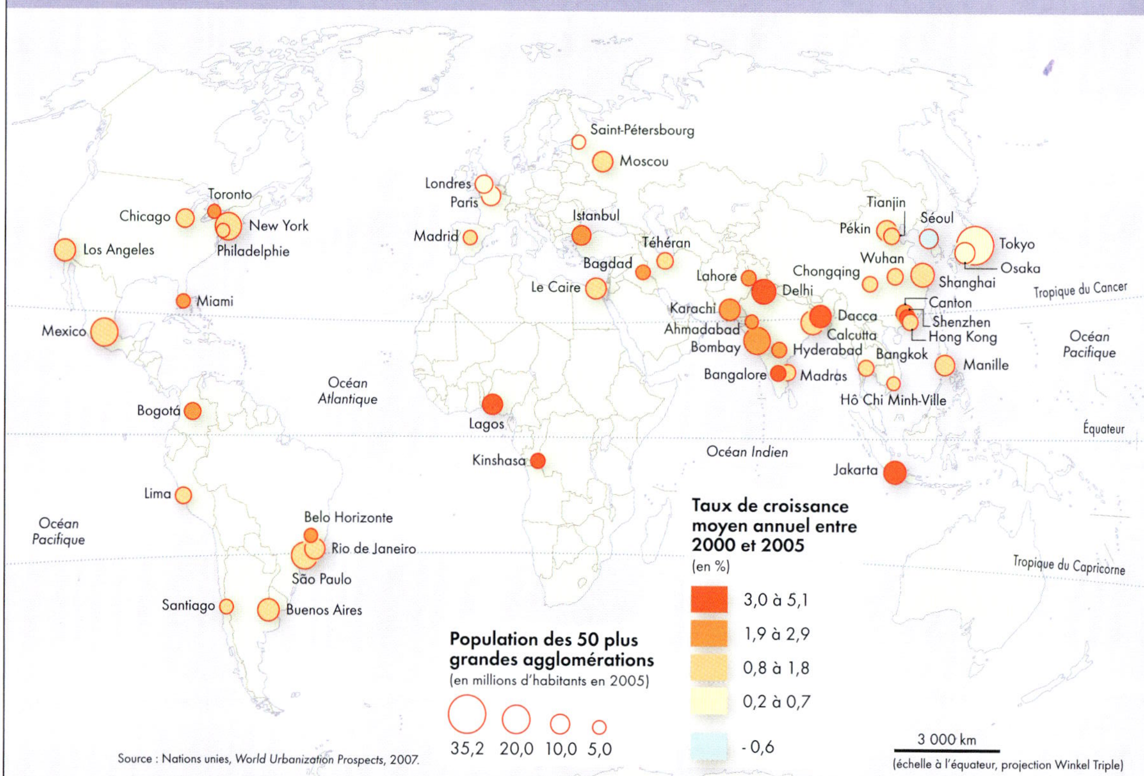

Source : Nations unies, *World Urbanization Prospects*, 2007.

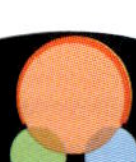

L'habitat : un excellent marqueur des inégalités sociales, qui sont un obstacle au développement durable. ”

Habitat : des inégalités criantes

D'après l'ONU, les villes des pays en développement représenteront 95 % de l'expansion urbaine au cours des vingt prochaines années et abriteront 4 milliards d'habitants en 2030. L'Afrique subsaharienne a le taux annuel de croissance urbaine (+ 4,58 % par an) et le taux de croissance de bidonvilles les plus hauts du monde (+ 4,53 %) ; un rythme deux fois supérieur à celui de l'Asie du Sud.

Sur tous les continents, l'étalement urbain se traduit par une accentuation du marquage résidentiel : processus d'identification associant lieu de résidence et statut social. Les logiques spatiales de l'étalement contribuent à séparer physiquement les quartiers riches et les quartiers pauvres ; les lieux d'emploi de plus en plus périphériques et les populations précarisées de plus en plus enclavées. Ces inégalités reflètent des modes de production déconnectant les secteurs productifs, aux emplois précaires et flexibles, des fonctions supérieures mondialisées.

SONT LES PAUVRES ?

Villes privées à la carte

Les logiques de la promotion immobilière vont dans le sens d'un accroissement de la ségrégation. Archétype des regroupements affinitaires, les *gated communities* des États-Unis ont fait école : résidences privées en Europe, *barrios cerrados* d'Amérique Latine, *compounds* ou *street closures* en Afrique du Sud et au Liban, ces lotissements privés et sécurisés sont gérés par de grandes associations de copropriétaires et prennent en charge des infrastructures urbaines (rues, espaces collectifs, espaces de loisirs) réservées aux seuls résidents, en contradiction avec la notion d'espace public urbain. L'entre-soi repose sur une forme contractuelle de gouvernance territoriale privée, constituant de redoutables acteurs face aux pouvoirs locaux. Sur 230 000 lotissements privés aux États-Unis, 30 % sont sécurisés et gardés (2002) ; les plus grandes abritent de 20 000 (aux États-Unis) à 200 000 habitants (Wuhan, Chine).

LA POPULATION DES BIDONVILLES

Source : United Nations Human Settlements Programme (UN-Habitat), 2003.

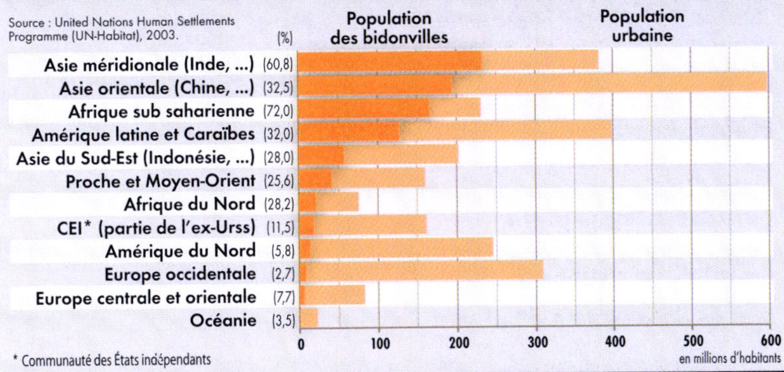

* Communauté des États indépendants

LES « GATED COMMUNITIES » EN AFRIQUE DU SUD

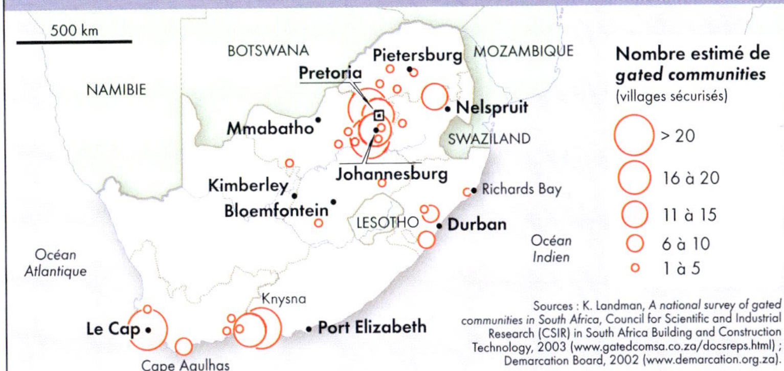

Sources : K. Landman, *A national survey of gated communities in South Africa*, Council for Scientific and Industrial Research (CSIR) in South Africa Building and Construction Technology, 2003 (www.gatedcomsa.co.za/docsreps.html) ; Demarcation Board, 2002 (www.demarcation.org.za).

LE MARQUAGE TERRITORIAL : PRÉCARITÉ EN ÎLE-DE-FRANCE

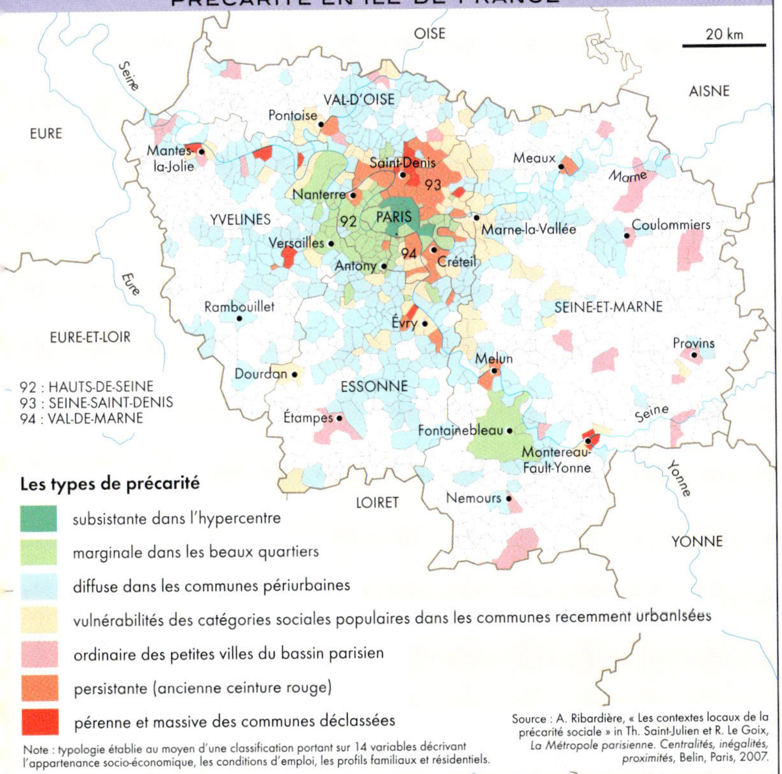

Note : typologie établie au moyen d'une classification portant sur 14 variables décrivant l'appartenance socio-économique, les conditions d'emploi, les profils familiaux et résidentiels.

Source : A. Ribardière, « Les contextes locaux de la précarité sociale » in Th. Saint-Julien et R. Le Goix, *La Métropole parisienne. Centralités, inégalités, proximités*, Belin, Paris, 2007.

La gentrification

Ce processus se traduit par l'installation des ménages appartenant aux couches moyennes et supérieures dans des vieux quartiers populaires du centre-ville. Il s'accompagne de la réhabilitation de l'habitat vétuste et dégradé, la revalorisation repoussant progressivement les anciens habitants. Plus largement, après la périurbanisation résidentielle, on assiste à un retour au centre des ménages à haut capital socioculturel cherchant à échapper au mouvement de fuite vers les banlieues, bénéficiant des réhabilitations progressives de l'habitat existant et d'opérations de rénovation urbaine. Résultante de l'action de forces économiques mondiales, la gentrification se traduit donc par des mutations spectaculaires des quartiers centraux : investissement dans des espaces urbains dégradés par des promoteurs immobiliers, accompagnement par des politiques publiques, installation d'activités de services et de nouveaux commerces.

SE DÉPLACER : UN MONDE À PLUSIEURS

La vitesse est un marqueur de la modernité des sociétés et de la richesse des territoires, ne serait-ce qu'en raison du coût de mise en œuvre des modes ou des technologies les plus véloces. Les réseaux rapides se sont largement développés ces dernières décennies, rendant le monde toujours plus accessible, mais des inégalités d'accès demeurent : les grands carrefours mondiaux sont situés dans les pays industrialisés et certains pays émergents, une part importante de la population mondiale reste à l'écart de cette évolution et continue à se déplacer à pied, en vélo ou en empruntant des modes collectifs insuffisants.

> ***Entre routine et luxe : des réseaux globalement plus performants, mais encore inégalement répartis et inégalement accessibles.*** ”

LES TAUX DE MOTORISATION DANS LE MONDE

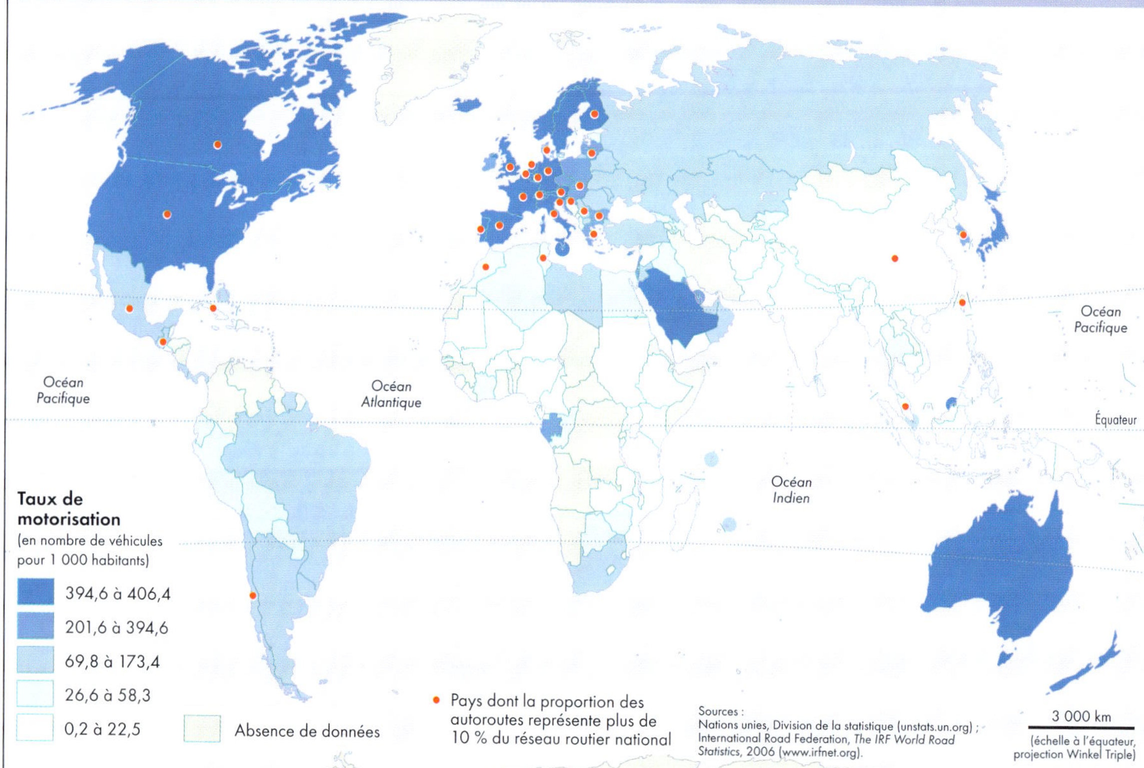

Sources : Nations unies, Division de la statistique (unstats.un.org) ; International Road Federation, *The IRF World Road Statistics*, 2006 (www.irfnet.org).

Démocratisation et accessibilité

L'évolution contemporaine a permis d'importants gains de temps. Cela vaut au sein d'un même mode (routier, ferroviaire ou aérien), mais il faut aussi tenir compte des substitutions opérées : l'avion a supplanté les bateaux de passagers et le chemin de fer sur les longs parcours. En revanche, la grande vitesse ferroviaire, lorsqu'elle existe, l'emporte sur le mode aérien pour des distances inférieures à 1 000 km.

Si la vitesse joue un rôle important, d'autres domaines évoluent : la capacité d'emport, l'autonomie, la consommation d'énergie, les émissions de polluants et de gaz à effet de serre. Le transport aérien a, en grande partie, mis l'accent sur la capacité unitaire des appareils, ce qui a permis de faire baisser de façon spectaculaire le coût de production rapporté à la place offerte. La démocratisation réelle des vitesses courantes est la conséquence majeure des arbitrages effectués. Le transport aérien a ainsi pu, à partir des années 1980, offrir des tarifs plus incitatifs et élargir sa clientèle. Des opérateurs spécifiques, les *low cost carriers*, se sont même spécialisés dans les prix cassés : qui aurait imaginé voyager de Paris à Cologne ou de Londres à Tallinn pour 1 euro plus taxes ? Ce phénomène gagne désormais les pays émergents comme le Brésil ou l'Inde. L'accessibilité est quasiment générali-

VITESSES ?

LE TRANSPORT AÉRIEN DANS LE MONDE

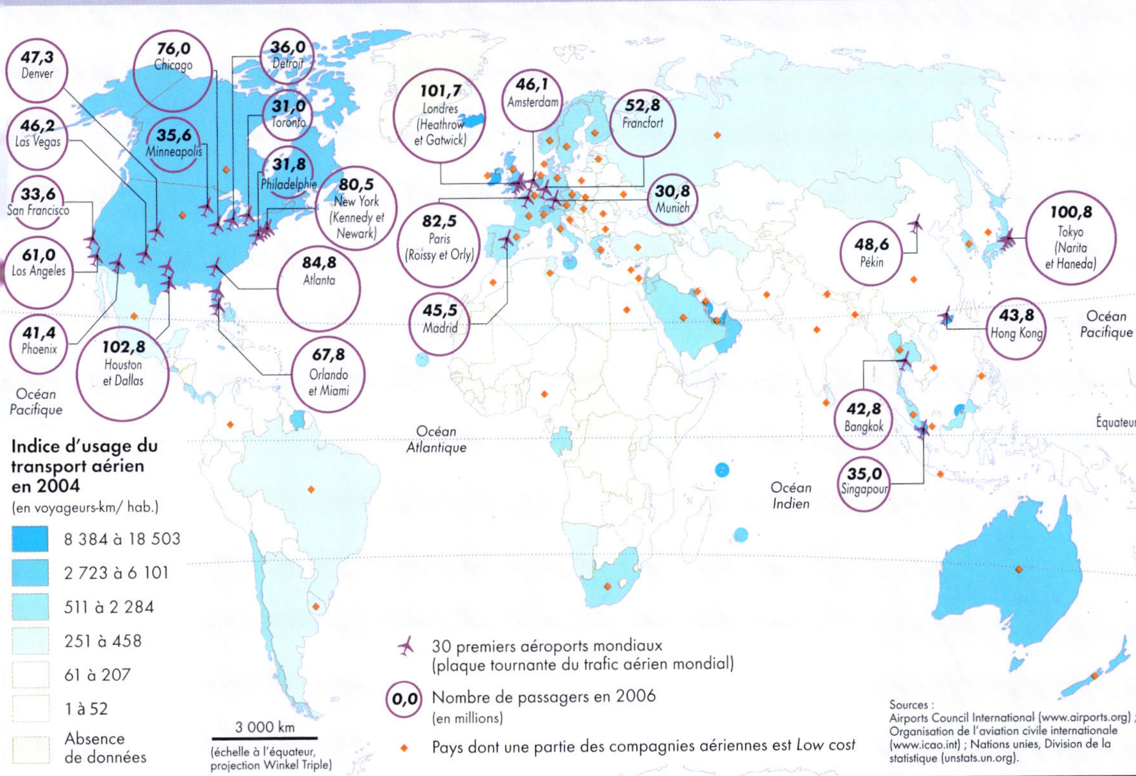

Paradoxes

Distances quotidiennes. Dans tous les pays, les distances parcourues quotidiennement s'allongent. L'étalement urbain projette les populations ne pouvant se loger en zone centrale dans des périphéries de plus en plus lointaines. La possession d'un ou plusieurs véhicules compense au Nord cet éloignement, la vitesse se substituant à la proximité. Il n'en est rien au Sud, ce qui implique des temps de parcours croissants à pied ou en taxis collectifs.

Marche à pied et deux-roues. Dans les pays du Sud, la marche à pied et les deux-roues assurent une part prépondérante des déplacements, ce qui réduit fortement les « bassins de vie » au sein desquels évolue quotidiennement une majorité de la population. Cette dernière aspire à posséder une automobile, ce qui explique l'explosion de la motorisation individuelle. Dans les pays développés, on aspire en revanche à développer les « modes doux » non motorisés tout en se ménageant la possibilité d'accéder rapidement à une grande variété de territoires en combinant modes individuels ou collectifs à différentes échelles, bien articulés entre eux.

Le prix des carburants. La hausse des prix des carburants, qui paraît durable, risque de figer la situation actuelle, compromettant ainsi l'accès aux modes mécanisés des populations les plus pauvres, tout en perturbant peu le fonctionnement des pays du Nord, où l'on pronostique à moyen terme des stratégies de localisation permettant un recours accru aux modes collectifs.

D'importantes inégalités en matière de déplacements

La densité des réseaux, les vitesses pratiquées et l'intensité des usages diffèrent : les grands nœuds du trafic aérien mondial reflètent le niveau d'activité des territoires qui les accueillent. La grande vitesse ferroviaire demeure minoritaire. Par ailleurs, une partie non négligeable des pays du Sud ne dispose pas de routes utilisables en permanence, ni de réseaux ferroviaires exploités de façon continue. Le niveau de vie des populations ne leur permet pas forcément d'accéder à des territoires éloignés, sauf en cas de migration définitive.
Enfin, la démocratisation du transport aérien va-t-elle se poursuivre, du fait de l'inéluctable évolution à la hausse des prix des carburants d'origine pétrolière ? Un processus de réduction des flottes (*downsizing*), de recentrage progressif sur les liaisons long courrier et d'augmentation des tarifs pratiqués est désormais à l'œuvre.

sée, les réseaux s'étant étoffés. Ce phénomène a été renforcé par l'adoption de structures de réseaux en étoile (*hubbing*) et par le regroupement des compagnies aériennes. L'intermodalité se met en place dans les grands aéroports et permet de les alimenter à partir d'une grande variété de territoires. La vitesse du transport aérien, qui demeure encore à ce jour la plus élevée, peut ainsi voir ses effets largement diffusés.

ÉDUQUER, UNE NÉCESSITÉ POUR LE DÉ

Il n'y a pas de développement durable possible sans éducation de tous et de toutes, garçons et filles, citoyens reconnus ou groupes marginaux. Comment participer au développement économique, social ou culturel si l'on ne sait pas lire, ne serait-ce qu'une notice, une commande, la lettre d'un organisme public ? Si l'on ne sait pas compter ? Comment comprendre et protéger les milieux écologiques, la biodiversité de l'espace dans lequel on vit si l'on ne connaît que ce que disaient ou faisaient les Anciens ? Donner à tous et à toutes un accès à l'éducation est un enjeu fondamental pour un développement durable.

LE TAUX D'ALPHABÉTISATION DANS LE MONDE EN 2004

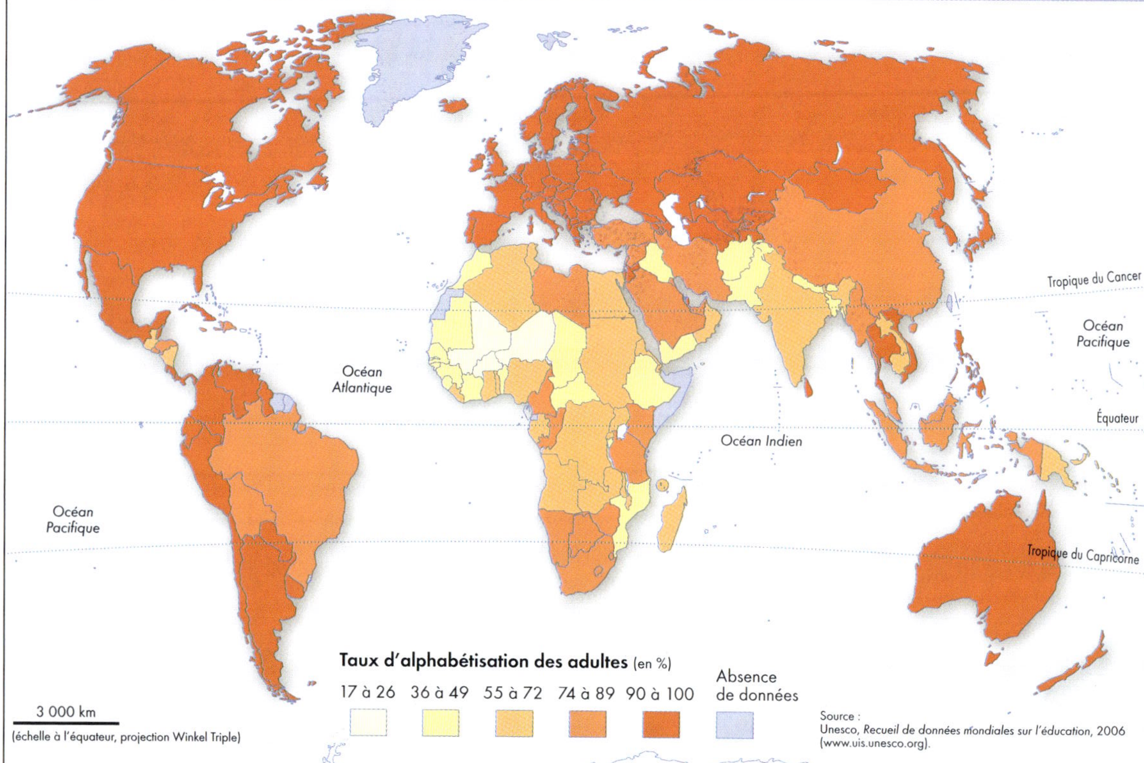

Source : Unesco, *Recueil de données mondiales sur l'éducation*, 2006 (www.uis.unesco.org).

> ***D'ici à 2015, tous les garçons et filles devraient avoir les moyens d'achever un cycle primaire d'éducation.***
>
> OBJECTIF N° 2 DU MILLÉNAIRE POUR LE DÉVELOPPEMENT, 2000, NEW YORK.

Alphabétisation et niveau d'éducation

L'un des indicateurs du niveau d'éducation de la population d'un pays est le taux d'alphabétisation, pourcentage du nombre d'adultes qui savent déchiffrer un petit texte et écrire quelques lignes, des compétences qui paraissent indispensables pour participer à un réel développement. D'après l'Unesco, en 2004, ce pourcentage est faible dans une grande partie de l'Afrique, du Moyen-Orient et de l'Asie méridionale, et même inférieur à 50 % en Afrique occidentale, en Éthiopie, au Yémen, en Irak, en Afghanistan et au Pakistan. On peut y voir une corrélation évidente avec le niveau de développement des États : d'une part, les pays les plus pauvres ne peuvent assurer convenablement une scolarisation suffisante de leur population, surtout à la campagne ou pour les filles ; d'autre part, le faible niveau d'alphabétisation de la population est un frein au développement d'activités économiques modernes.

VELOPPEMENT DURABLE

Scolarité courte et scolarité longue

Il faut quelques mois pour apprendre à déchiffrer des lettres et des mots, une à deux années pour comprendre des textes et savoir effectuer les opérations mathématiques de base, plusieurs années pour conforter ces capacités et élargir les connaissances de base sur le milieu dans lequel on vit, sur son pays et le reste du monde, sur la santé, les règles d'hygiène, etc.

Or l'espérance de scolarisation, c'est-à-dire le nombre moyen d'années qu'un individu passera probablement à l'école d'après les données actuelles, ne dépasse pas 3 à 4 ans pour beaucoup de pays d'Afrique occidentale et centrale, 7 à 8 ans pour des pays d'Asie méridionale, contre 12 à 16 ans en Europe ou en Amérique du Nord. Les facteurs d'explication résident dans la rareté des établissements scolaires et des enseignants dans ces pays, surtout à la campagne ; dans la volonté des parents de garder les enfants pour les travaux domestiques et les travaux agricoles, les filles particulièrement ; dans des traditions qui s'opposent encore à l'éducation scolaire, jugée extérieure au groupe local, trop moderne, voire destructrice pour les coutumes, notamment pour l'éducation des filles. C'est pourquoi le Forum mondial sur l'éducation de Dakar (2000) a adopté comme principe 2 d'augmenter la durée de la scolarisation, et comme principe 3 d'augmenter celle des filles, souvent inférieure à celle des garçons.

L'ESPÉRANCE DE SCOLARISATION POUR 10 PAYS

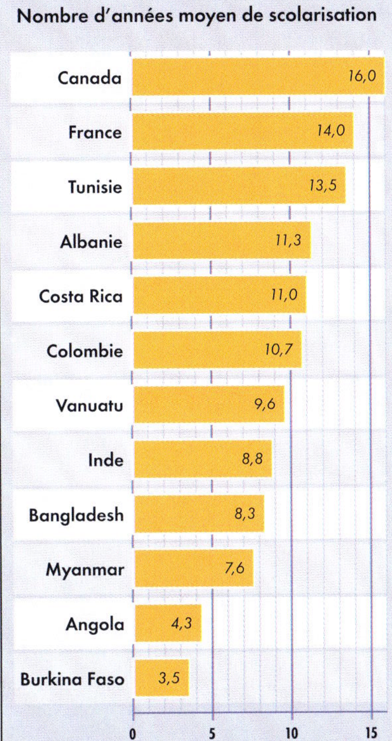

Source : Unesco, *Recueil de données mondiales sur l'éducation*, 2006 (www.uis.unesco.org).

L'éducation des filles, un défi crucial pour le développement

Le développement durable suppose la participation de tous aux efforts de développement, de protection de l'environnement et de la santé, appuyée sur une compréhension minimale des enjeux. Le rôle des femmes est crucial dans cette dynamique, car elles ont en charge l'éducation des jeunes enfants, l'apprentissage de l'hygiène, la transmission des bonnes pratiques. On peut établir une corrélation entre le taux d'alphabétisation des femmes et la diminution du nombre d'enfants par foyer, la lutte contre le sida, le respect de l'environnement. Or, un effort considérable reste à faire pour permettre la scolarisation des filles dans un vaste groupe de pays qui va de l'Afrique occidentale et centrale à l'Afghanistan et à l'Inde, et surtout dans les campagnes, où jouent à la fois des traditions, le besoin des filles pour les travaux domestiques ou dans des ateliers, la rareté des écoles.

SCOLARISATION : NOMBRE DE FILLES POUR 100 GARÇONS EN AFRIQUE ET EN ASIE OCCIDENTALE ET MÉRIDIONALE

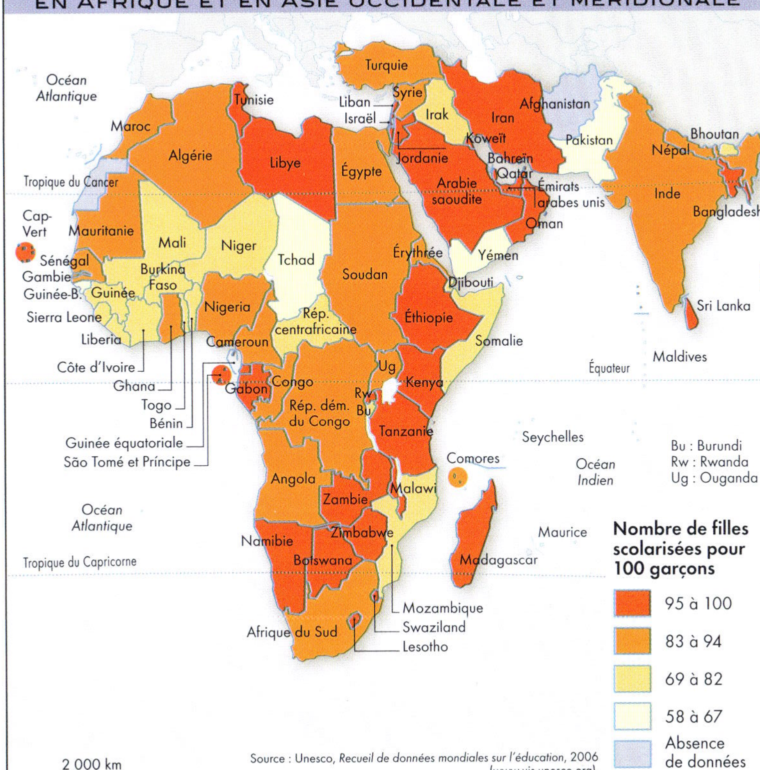

Source : Unesco, *Recueil de données mondiales sur l'éducation*, 2006 (www.uis.unesco.org).

LA TERRE EST-ELLE TROP PEUPLÉE : LES

***A priori*, plus la population est abondante dans une région, plus sa pression sur l'environnement sera forte. Or, les densités de population sont très inégales, la planète comportant aussi bien de grands foyers de peuplement comme l'Asie orientale, le monde indien ou l'Europe que de vastes espaces presque vides. La relation entre peuplement et développement durable n'est toutefois pas simple. Les théories malthusiennes dénoncent l'effet de la hausse démographique sur des ressources limitées. Mais la croissance économique accroît davantage la pression environnementale en diffusant des modes de vie très consommateurs de ressources.**

LA DENSITÉ DE POPULATION DANS LE MONDE SELON LE PIB

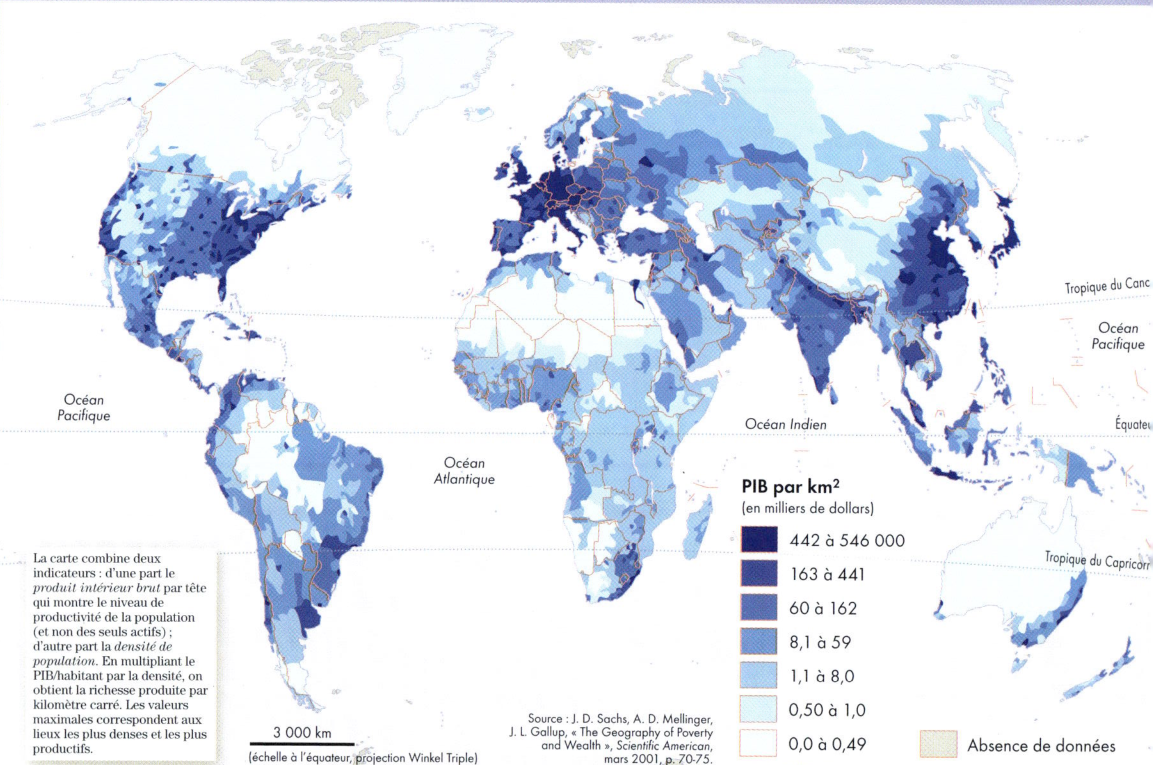

La carte combine deux indicateurs : d'une part le *produit intérieur brut* par tête qui montre le niveau de productivité de la population (et non des seuls actifs) ; d'autre part la *densité de population*. En multipliant le PIB/habitant par la densité, on obtient la richesse produite par kilomètre carré. Les valeurs maximales correspondent aux lieux les plus denses et les plus productifs.

Source : J. D. Sachs, A. D. Mellinger, J. L. Gallup, « The Geography of Poverty and Wealth », *Scientific American*, mars 2001, p. 70-75.

Une inégale densité de peuplement

Les 6,8 milliards d'habitants que compte la planète en 2008 donnent une densité de 50 hab./km² (hors Antarctique). Ce chiffre a doublé depuis 1965 sans bouleverser la répartition d'ensemble puisque l'Asie orientale (Chine, Japon, Corée du Sud) et le sous-continent indien regroupent toujours près de la moitié (47 %) du total et 58 % avec l'Europe. Avec les 600 millions d'habitants des cinq autres concentrations significatives (golfe de Guinée, Java, nord-est des États-Unis, croissant fertile du Proche-Orient, Sudeste brésilien), on arrive aux deux tiers de l'effectif sur un dixième des surfaces. Inversement, un quart des terres émergées abrite moins de 2 % des humains (hautes latitudes, déserts tropicaux et grandes forêts équatoriales). Cette population est devenue majoritairement urbaine en 2007. Mais si la part des citadins est amenée à augmenter, c'est en raison de la forte croissance démographique des pays émergents et de la poursuite de l'exode rural dans les pays du Sud.

La population mondiale va-t-elle continuer à croître ?

La population devrait se stabiliser à 10 milliards vers 2200 car on est sorti de la forte hausse du début de la transition démographique due à la baisse de la mortalité pour entrer dans la phase de ralentissement causée par la diminution de la natalité. À terme, la croissance sera aussi faible que lorsque natalité et mortalité étaient toutes deux élevées.

INÉGALITÉS DE PEUPLEMENT

Peuplement et développement durable

En principe, la croissance démographique accroît la pression sur les milieux, au point que les néomalthusiens dénoncent le risque de surpeuplement : une population excessive menacerait les ressources disponibles, conduisant à un développement non durable. En réalité, il n'y a pas de relation entre densité et pression sur l'environnement. Ainsi, certains espaces peu peuplés en milieu semi-aride sont néanmoins surpeuplés car fragiles, subissant une dégradation parfois irréversible des terres arables et des pâturages. À l'inverse, les Pays-Bas ou le Japon, où les densités nettes de population – c'est-à-dire calculées par rapport aux surfaces cultivées – sont très élevées, ne souffrent pas pour autant de surpeuplement. Le niveau de vie y est même très élevé car leurs fortes densités accroissent l'efficacité productive du fait des économies d'agglomération. Globalement, les espaces les plus denses créent donc plus de richesses au kilomètre carré. Chaque mètre carré y rapporte aussi davantage par tête : Europe occidentale, États-Unis et façades littorales de l'Asie orientale tempérée produisent ainsi 37 % des richesses mondiales sur à peine 5 % des surfaces.

L'agriculture, pour intensive qu'elle soit, n'y joue plus qu'un rôle marginal dans le PIB (produit intérieur brut), devenu essentiellement urbain et tertiaire. A priori, ce meilleur rendement à l'unité de surface devrait économiser les ressources planétaires. En réalité, on sait que cette prospérité s'accompagne de modes de production et de vie dont les niveaux de consommation de ressources, de production de déchets et d'émission de gaz à effet de serre par habitant sont sans commune mesure avec ceux observés ailleurs. Il ne convient donc non pas tant de déplorer l'augmentation de la population mondiale (en cours de ralentissement) ou l'expansion des pays émergents (qui contribue à réduire l'inégalité Nord-Sud) que de veiller à la durabilité du développement.

LA POPULATION DE CITADINS PAR CONTINENT

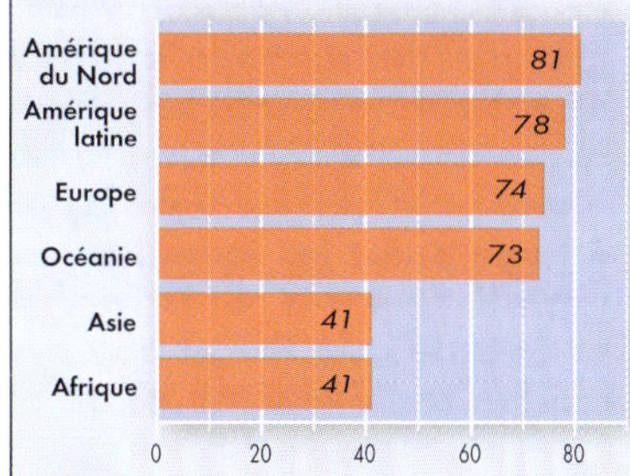

Source : J. Véron, *Population & Sociétés*, n° 435, Ined, juin 2007.

Avec deux hectares par habitant, la terre n'est pas surpeuplée. La croissance démographique n'est pas une menace pour la planète car la densité est un facteur neutre pour le développent durable, ni bon ni mauvais a priori. ”

LA PART DE LA POPULATION URBAINE DANS LE MONDE

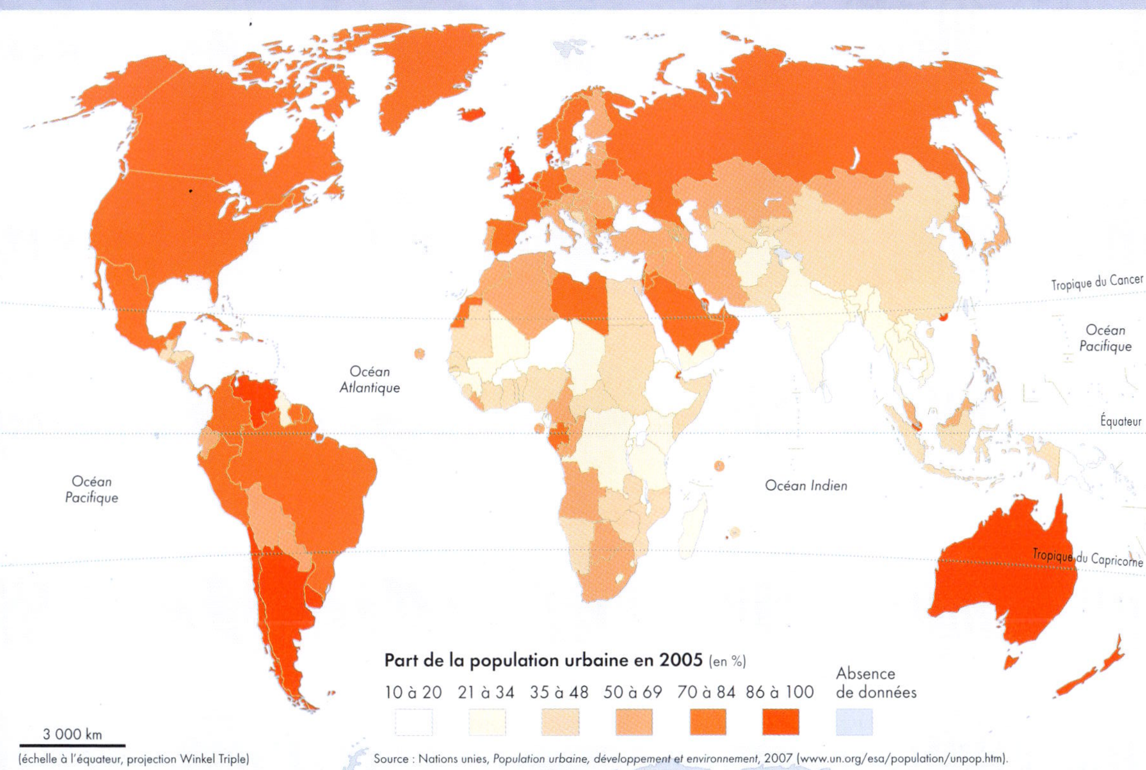

Source : Nations unies, *Population urbaine, développement et environnement*, 2007 (www.un.org/esa/population/unpop.htm).

Risques naturels : tous les territ

Les catastrophes naturelles, d'origine sismique, volcanique ou climatique, affectent des espaces de dimensions variables mais concernent un nombre grandissant de populations et d'aménagements. Le coût de ces catastrophes en vies humaines, en destructions ou en dégâts divers peut mettre en péril l'application d'une politique de développement durable en contribuant à augmenter les inégalités sociospatiales. Ce poids grandissant des catastrophes tient à l'augmentation de la vulnérabilité et non systématiquement au nombre croissant d'événements de forte intensité.

L'ampleur des dommages augmente considérablement

Les aléas naturels sources de risques procèdent de la dynamique terrestre : séismes, épisodes volcaniques, inondations, phases de sécheresse, périodes très froides ou caniculaires, cyclones, etc. Au cours des années 1990, 80 000 personnes en moyenne sont mortes chaque année en raison de phénomènes de forte intensité.

La société de réassurances Munich Ré considère que le coût des pertes des dix dernières années est 7,3 fois plus lourd que dans les années 1960. Les événements les plus coûteux sont, par ordre croissant, les inondations, les séismes et les ouragans. La raison tient à l'augmentation de la vulnérabilité, à la densité de population des espaces potentiellement dangereux, à l'existence de mégapoles sur les littoraux, dans les vallées… Ainsi, les pays en développement situés dans les espaces tropicaux subissent 55 % des volcans actifs de la planète, 55 % des épicentres sismiques et, pour certains d'entre eux, les cyclones.

Les sociétés qui, de tout temps, ont subi des événements catastrophiques, sont aujourd'hui de plus en plus vulnérables. ❞

L'INONDATION DE LA NOUVELLE-ORLÉANS

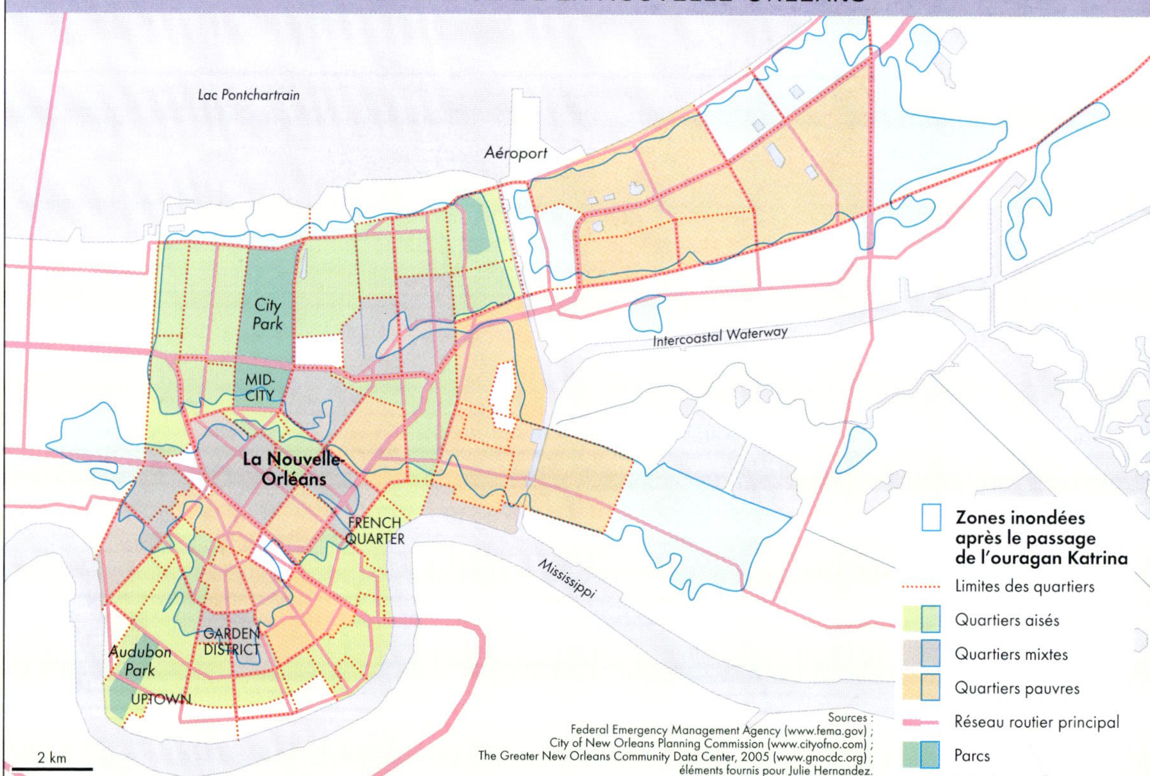

OIRES VULNÉRABLES ?

LES CATASTROPHES NATURELLES EN 2004

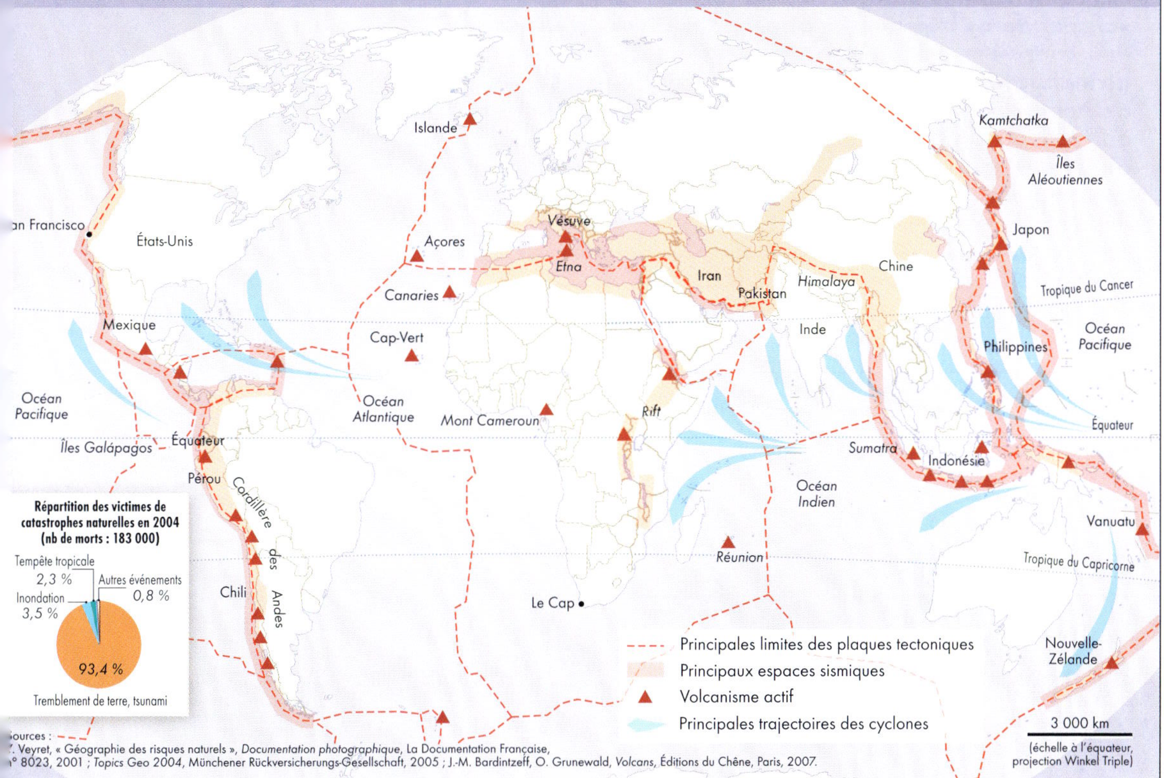

ources :
. Veyret, « Géographie des risques naturels », *Documentation photographique*, La Documentation Française,
° 8023, 2001 ; *Topics Geo 2004*, Münchener Rückversicherungs-Gesellschaft, 2005 ; J.-M. Bardintzeff, O. Grunewald, *Volcans*, Éditions du Chêne, Paris, 2007.

La Nouvelle-Orléans en 2004, l'exemple d'une ville de pays riche

L'ouragan Katrina, qui a atteint La Nouvelle-Orléans le 29 août 2004, était considéré comme de 4e catégorie (vents entre 210 et 249 km/h) quand il a abordé le delta du Mississippi. Les conséquences de son passage se sont révélées gravissimes. La ville, encadrée par le lac Pontchartrain et le lac Borgne, a été envahie par les eaux quand les digues ont cédé ; 150 000 habitations ont été affectées. La vulnérabilité de la ville était anciennement connue et avait été analysée lors des inondations dues à l'ouragan Betsy en 1965. Une simulation avait été effectuée par l'université de la Louisiane à la fin des années 1990, qui montrait la « destruction virtuelle » de la ville par un cylone de catégorie 4. Les simulations conduisaient à admettre 160 km² de superficie urbaine submergés et l'Agence fédérale des situations d'urgence, la FEMA (Federal Emergency Management Agency), avait indiqué en 2001, à la suite de ces simulations, qu'un cyclone à La Nouvelle-Orléans pourrait provoquer une des trois méga-catastrophes susceptibles d'affecter le sol américain (avec un séisme en Californie et une attaque terroriste à Manhattan).

En fait, le manque de finances pour entretenir les digues explique pour partie la situation. Ville démocrate, La Nouvelle-Orléans a été quelque peu délaissée par l'administration républicaine. Mais Katrina tombe peut-être aussi à point pour réenvisager la structure sociale de la ville et sa reconstruction, discutée, pourrait contribuer à éliminer les plus pauvres du centre, et en même temps la misère et l'insécurité.

Un leader républicain louisianais ne disait-il pas : « Enfin, les cités de La Nouvelle-Orléans ont été nettoyées. Ce que nous n'avons pas su faire, Dieu s'en est chargé. »

Les catastrophes naturelles constituent une menace pour le développement durable

C'est particulièrement vrai dans le cas des pays les plus pauvres et les plus marginalisés. Le séisme qui a affecté la ville de Bam, en Iran, en 2003, a tué plus de 40 000 personnes parce que les maisons en briques crues n'étaient pas conçues pour résister à des secousses sismiques importantes, d'où le grand nombre de victimes. Cela conduit à établir une relation évidente entre le niveau de vie et le nombre de victimes : une catastrophe contribue à creuser les inégalités.

Les catastrophes naturelles entre 1990 et 2000 ont absorbé 5,21 % du PIB du Bangladesh, 12,58 % de celui de la Jamaïque et 15,6 % de celui du Nicaragua. Les séismes récents en Indonésie (2004) et en Chine (2008) montrent combien des catastrophes locales intègrent les enjeux de la mondialisation (commerce et tourisme).

LES CATASTROPHES INDUSTRIELLES :

Les catastrophes industrielles et technologiques sont fondamentalement inégales dans leurs causes, leur caractère spectaculaire, leur étendue. Il en est de visibles ; d'autres, plus subtiles, sont parfois qualifiées de bombes à retardement. Elles peuvent se propager dans l'air, comme le nuage radioactif de Tchernobyl, avant d'affecter les sols et les systèmes vivants. Certaines catastrophes restent ponctuelles, comme l'explosion de Bhopal ou de l'usine AZF à Toulouse ; d'autres ont une extension linéaire surtout par l'intermédiaire des cours d'eau ou couvrent de vastes surfaces par l'intermédiaire des nappes phréatiques ou des océans.

LES CATASTROPHES INDUSTRIELLES DANS LE MONDE

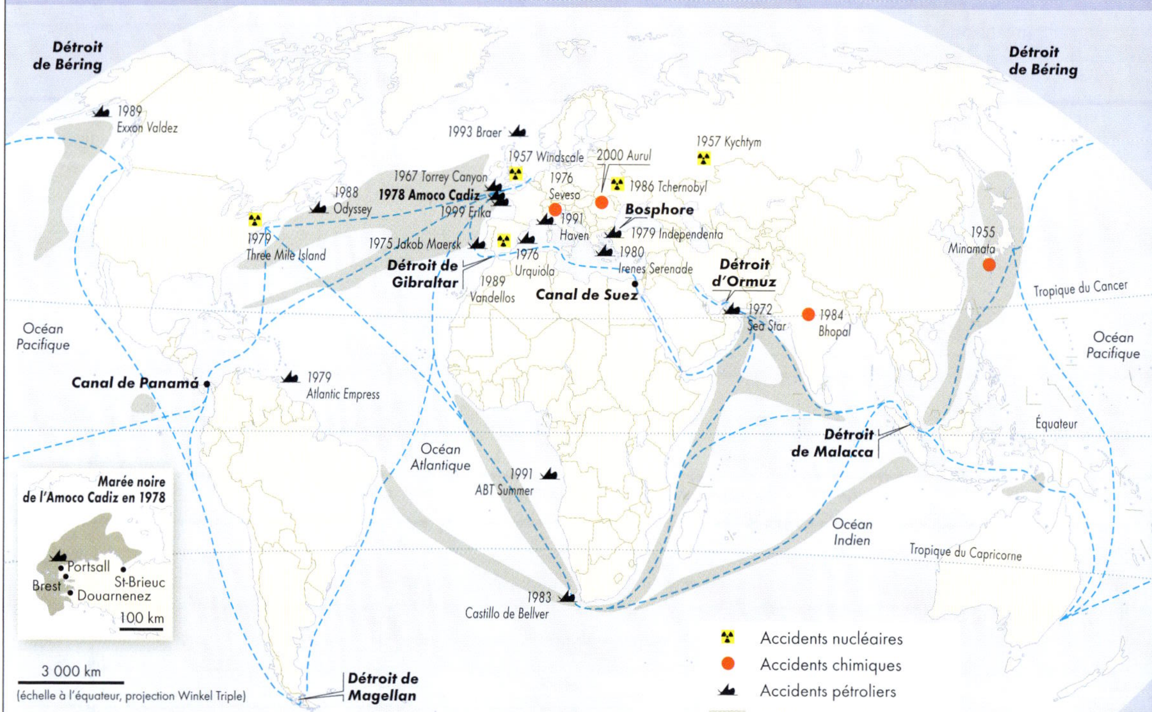

Sources : N. Beroutchachvili, M. M. Chauke et A. Sánchez-Crispín, *Geographical Perspectives on Sustainable Development*, 2004 ; The International Tanker Owners Pollution Federation (www.itopf.com) ; Centre de documentation, de recherche et d'expérimentations sur les pollutions accidentelles des eaux (www.cedre.fr) ; *Atlas National Geographic*, 2007.

De l'accident à la super catastrophe

Le risque, c'est le danger à venir. La catastrophe, c'est le désastre accompli. De subtiles classifications dressent des échelles graduées des catastrophes en fonction du nombre de victimes, des coûts économiques, des atteintes aux systèmes écologiques. Ces typologies de la gravité, allant de l'accident à la super catastrophe en passant par le désastre et la catastrophe, sont nécessaires mais discutables.

Désastres spectaculaires ou menaces insidieuses ?

En géographie, force est de constater que les médias privilégient le temps court ou instantané de l'événement. De la même façon, ils préfèrent l'événement localisé plutôt que les menaces insidieuses et diffuses.
Minamata en 1955, Seveso en 1976, Bhopal en 1984 et Tchernobyl en 1986 sont des hauts lieux de l'horreur écologique. Les noms des navires responsables de marées noires sont devenus célèbres dans l'opprobre : *Torrey Canyon* en 1967, *Amoco Cadiz* en 1978, *Exxon Valdés* en 1989, *Erika* en 1999, alors que les routes maritimes souillées par les dégazages ne font pas l'objet de communication médiatique.
Les catastrophes insidieuses comme les pluies acides, ou peu aisément identifiables comme la pollution des sols sont bien plus difficiles à médiatiser.

L'ÉCONOMIE EN ACCUSATION

Que nous enseignent les catastrophes industrielles sur le développement durable ?

Que le social ne se réduit pas à un bilan comptable des victimes. Que les chocs psychologiques, les traumatismes, les angoisses, les peurs ne sont guère quantifiables. Que les pertes en vies humaines ne sont pas équivalentes. Les milliers de morts par accident de la route en France ne provoquent pas la même indignation qu'une explosion localisée comme celle de l'usine chimique AZF à Toulouse, en 2001. Les milliers de morts de l'usine de l'Union Carbide, à Bhopal, en Inde, en 1984 n'ont pas le même impact que la catastrophe de la navette *Challenger* en 1986.

Que l'évaluation du préjudice écologique n'est pas chose aisée. Les comparaisons fondées sur des volumes de biomasse détruite ne prennent pas en compte le rare, le beau, l'exceptionnel. La mise en scène exacerbée d'espèces emblématiques comme les oiseaux mazoutés interroge aussi sur la délicate façon d'évaluer à leur juste valeur les incidences sur toutes les composantes des systèmes biophysiques.

Que le préjudice économique évalué en espèces sonnantes et trébuchantes par les compagnies d'assurances et les tribunaux, au terme d'âpres et interminables batailles d'initiés où excellent les avocats des firmes multinationales concernées et les experts des compagnies d'assurances pour fixer les indemnisations des victimes et des biens, relève d'une logique comptable de moins en moins acceptable.

Que les faits de reconstruction et de reconstitution sont difficiles à mettre en actifs face au passif des destructions.

Que les catastrophes permettent souvent de faire bouger les fronts figés, d'amener les renforcements des législations, de mieux anticiper, gérer, prévenir, intervenir informer, éduquer.

Que toute catastrophe devrait susciter des interrogations diversifiées : qui provoque, qui subit, qui gère, qui décide, qui paye, qui répare, qui raconte, qui en profite ?

LA POLLUTION DU DANUBE AU CYANURE

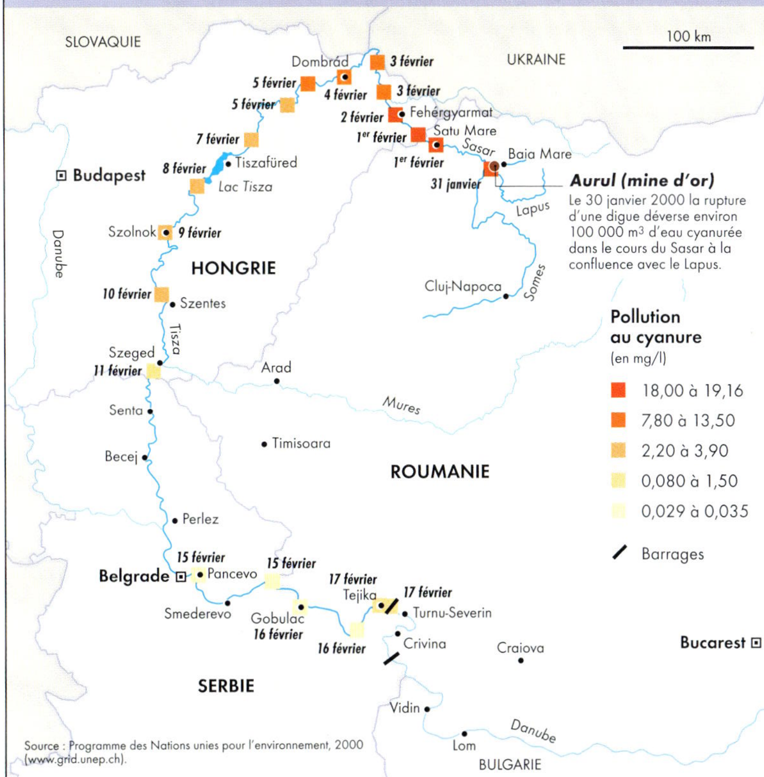

Source : Programme des Nations unies pour l'environnement, 2000 (www.grid.unep.ch).

> ***Les catastrophes technologiques interrogent de façon vitale les modèles de développement.***

Les démarches REX

La catastrophe, événement du temps présent, amène à interroger le passé dans les démarches dites REX (retour d'expériences) et oblige à se projeter vers l'avenir pour une prospective de la remédiation et de l'anticipation. Les catastrophes technologiques interrogent de façon vitale les modèles de développement.

L'AMOCO CADIZ : 13 ANS DE PROCÉDURE

L'*Amoco Cadiz* s'est échoué le 16 mars 1978

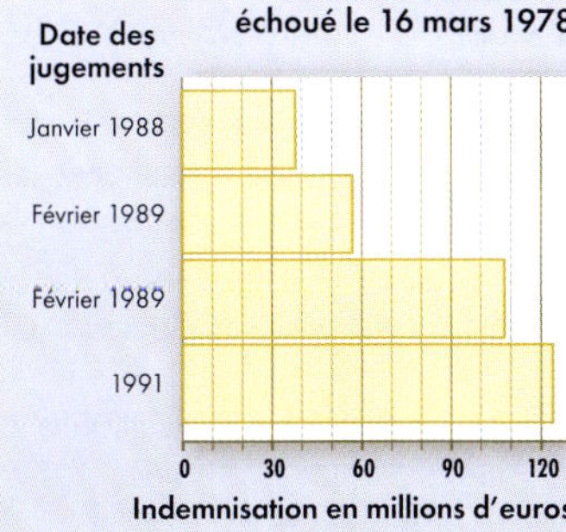

Source : *La Recherche*, n° 233, 1991.

ÉNERGIES FOSSILES ET INÉGALITÉS MON

La géographie des énergies fossiles (pétrole, gaz, charbon) reflète les inégalités de développement et structure la géopolitique mondiale. La fin annoncée du pétrole n'y changera rien : les producteurs trouveront dans l'exploitation des derniers gisements, selon les contextes, une source de puissance, de quoi financer leur développement futur ou matière à conflit. Les États consommateurs développés procéderont aux adaptations nécessaires, tandis que les plus pauvres seront pénalisés. À l'échelle mondiale, la coïncidence de cette « fin du pétrole » et de la prise de conscience du changement climatique devrait faciliter la transition énergétique vers des énergies plus durables.

PRODUCTION, CONSOMMATION ET FLUX DES ÉNERGIES FOSSILES DANS LE MONDE

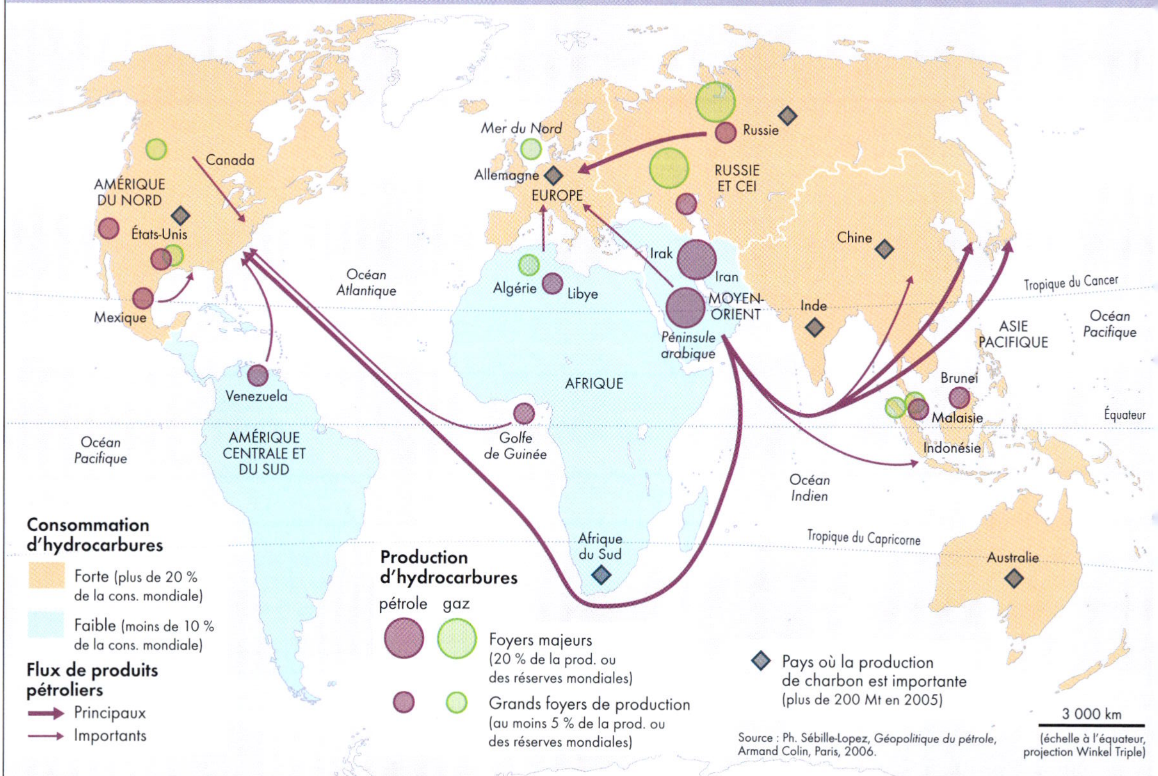

Source : Ph. Sébille-Lopez, *Géopolitique du pétrole*, Armand Colin, Paris, 2006.

Ressources non renouvelables et inégalités énergétiques

Le prix des énergies fossiles augmente en raison d'une forte hausse de la demande mondiale et de la conscience des perspectives d'épuisement à moyen terme. Le *peak oil* – moment où la production pétrolière mondiale déclinera – approche. Le marché du gaz y est étroitement lié. Les réserves de charbon dureront plus longtemps, mais on hésite à les solliciter car le charbon pollue. Les lieux de production et de consommation des hydrocarbures ne sont guère corrélés. Les premiers sont au Moyen-Orient, en Russie (gaz), au Venezuela et aux États-Unis. Les seconds sont les pays les plus développés et les pays émergents géants. Bien des tensions en découlent. Pour les producteurs, ces énergies fossiles fondent des systèmes politico-économiques rentiers et constituent un moyen d'influence international. Chez les consommateurs, la course aux réserves disponibles, la diversification et la recherche d'énergies renouvelables soulignent les contrastes de développement.

L'exploitation des ressources naturelles non renouvelables ne peut être durable. Mais la « malédiction des ressources naturelles » n'est pas une fatalité : les hydrocarbures peuvent servir de catalyseur à des dynamiques positives si des régulations sont mises en place. »

LES

LE PÉTROLE CATALYSEUR DE CONFLITS ? LE CAS DE L'AFRIQUE

Source : G. Magrin, « La ruée vers l'or noir : une chance pour sortir l'Afrique de l'impasse ? » *Défense nationale et sécurité collective*, n° 1, 2007.

Le pétrole en Afrique

L'Afrique subsaharienne ne fournit que 5 % de la production et des réserves mondiales d'hydrocarbures. Mais elle représente un enjeu important pour les majors occidentales et les nouveaux demandeurs asiatiques car elle recèle des réserves importantes.

LA « MALÉDICTION DES RESSOURCES NATURELLES ». Jusqu'ici, l'exploitation pétrolière sur ce continent a semblé conforter cette thèse. Au syndrome hollandais – déstructuration des secteurs productifs par la rente des hydrocarbures – se sont ajoutés des conflits « pétropolitiques », où corruption et luttes pour la captation de la rente accroissent la fragilité d'États faibles. Mais cette perception négative mérite d'être nuancée : le pétrole accélère aussi des évolutions sociospatiales majeures, comme l'urbanisation.

Les pays africains sont inégaux face à l'équation pétrolière. Une majorité de non-producteurs sont très dépendants. Un petit nombre d'États sont rentiers : l'économie et le système politique sont tributaires de l'or noir. Dans une catégorie intermédiaire, la rente limitée a des effets amortis.

LA COURSE ACTUELLE AUX RESSOURCES. Partout, elle dessine un contexte ambigu. L'arrivée de nouveaux acteurs (firmes indépendantes et asiatiques) renforce la compétition entre eux, et ainsi les tensions et risques de conflits, tandis que la fin de cycle des gisements anciens laisse un passif environnemental. D'un autre côté, un mouvement mondial milite en faveur d'un rôle plus positif des activités extractives (respect de l'environnement, équité sociale et géographique). Des initiatives portées par les ONG (*Publish what you pay*) ou les gouvernements (Initiative pour la transparence dans les industries extractives) défendent une amélioration de la gouvernance pétrolière au service du développement durable. Elles encouragent la montée de revendications locales face aux États et aux firmes transnationales. Ces dernières, plus sensibles aux impacts environnementaux et sociaux de leur activité, améliorent leurs pratiques.

Le « modèle tchadien » et son naufrage

Au Tchad, la Banque mondiale a accompagné de 2000 à 2003 un projet pétrolier qui se voulait au service du développement durable. Dans un État parmi les plus pauvres et les plus instables du monde, un succès devait servir d'exemple. Outre des mesures de suivi environnemental et socio-économique, le projet reposait sur la loi n° 1 de 1999 répartissant la rente pétrolière entre les secteurs prioritaires de la lutte contre la pauvreté, les générations futures, la région de production et les dépenses de l'État. Imposée par la Banque, la loi a été assouplie par le gouvernement tchadien en 2006, au point d'être vidée de sa substance.

Ainsi, l'or noir a financé des routes et quelques dépenses nécessaires de l'État. Il a aussi permis d'acquérir du matériel militaire contre les rébellions de l'Est, imbriquées à la crise du Darfour. Le plus visible s'investit à N'Djaména, dans le patrimoine et le train de vie des proches du pouvoir.

L'expérience tchadienne souligne l'inefficacité des injonctions externes comme celle de la Banque mondiale. Elle s'est pourtant accompagnée de dynamiques sociales intéressantes, car la société civile a mûri dans l'épreuve du théâtre pétrolier. Mais la prééminence du combat pour l'appropriation de la rente et sa consommation improductive limite les bénéfices en termes de développement durable.

L'UTILISATION DES REVENUS DU PÉTROLE AU TCHAD

Répartition des revenus pétroliers selon la loi n° 1 de 1999 au Tchad
(en % sur 100 dollars de revenus pétroliers directs)

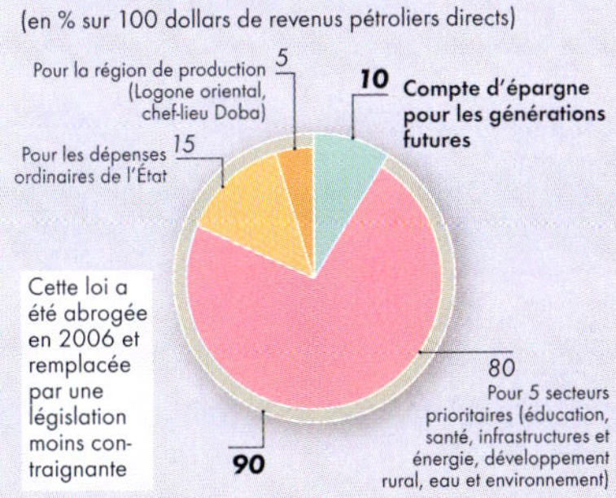

ÉCONOMIES LÉGALES ET ILLÉGALES, OB

La violence, sous sa forme criminelle comme politique, est un obstacle au développement. Elle crée un climat dissuasif pour les investisseurs et conduit les tour-opérateurs à retirer de leurs catalogues les pays concernés. Elle limite la capacité de l'État à fournir des services et des infrastructures de qualité, à exercer ses fonctions de redistribution et de régulation économiques. La corruption empêche l'aide au développement de parvenir à ses bénéficiaires et l'évasion fiscale réduit la capacité d'action de l'État. Quant aux conflits, ils favorisent le pillage des ressources naturelles dont le commerce profite aux seuls seigneurs de la guerre et contribue au saccage de l'environnement.

UN ENVIRONNEMENT SOCIOPOLITIQUE DÉGRADÉ DANS LE MONDE

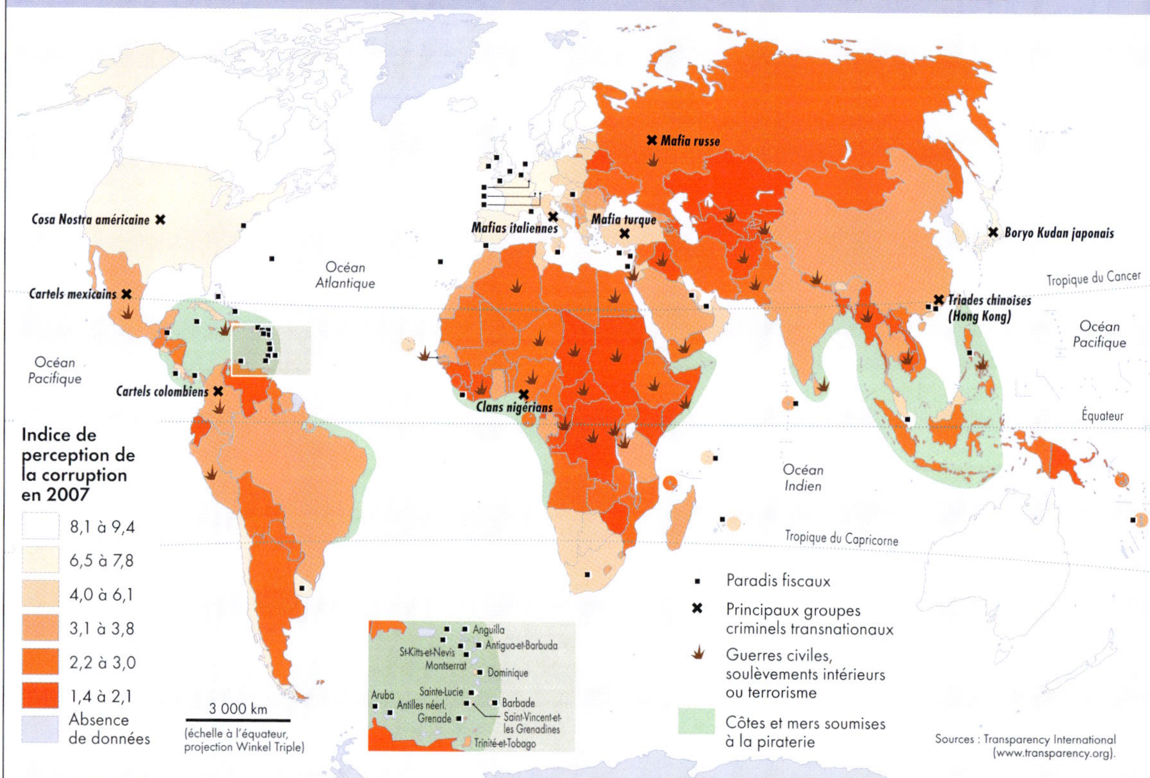

Sources : Transparency International (www.transparency.org).

Stupéfiants : trafics, réseaux et profits

Le trafic de stupéfiants génère d'importantes quantités de capitaux, dont une partie est recyclée dans les circuits financiers internationaux. Les surfaces cultivées en substances illégales ont augmenté au cours des dernières années, notamment dans les régions instables ou en crise. La production de stupéfiants procurant une rémunération supérieure à celle de l'agriculture, elle demeure un obstacle à un développement équilibré et durable des territoires, et les bénéfices échappent aux producteurs locaux. L'Amérique centrale et les Caraïbes sont devenues une zone de transit pour la cocaïne produite en Amérique andine, à destination des États-Unis et de l'Europe. Les pays de l'Océanie, d'Asie du Sud-Est et d'Asie de l'Est se sont tournés vers la fabrication et le trafic de stimulants de type amphétamine. L'Afghanistan demeure le principal pays producteur d'opium, avec 90 % de la production mondiale en 2007. Les deux principales voies d'accès des stupéfiants en Europe (Espagne et Pays-Bas) faisant l'objet de contrôles renforcés, l'Afrique de l'Ouest est devenue une plaque tournante du trafic de stupéfiants (cocaïne, héroïne, haschisch). Si l'Amérique du Nord, l'Europe, le Japon et l'Océanie sont les principaux marchés de consommation, la demande de stupéfiants se développe aussi dans les pays du Sud.

STACLES AU DÉVELOPPEMENT DURABLE

LES PRINCIPAUX PAYS PRODUCTEURS DE STUPÉFIANTS

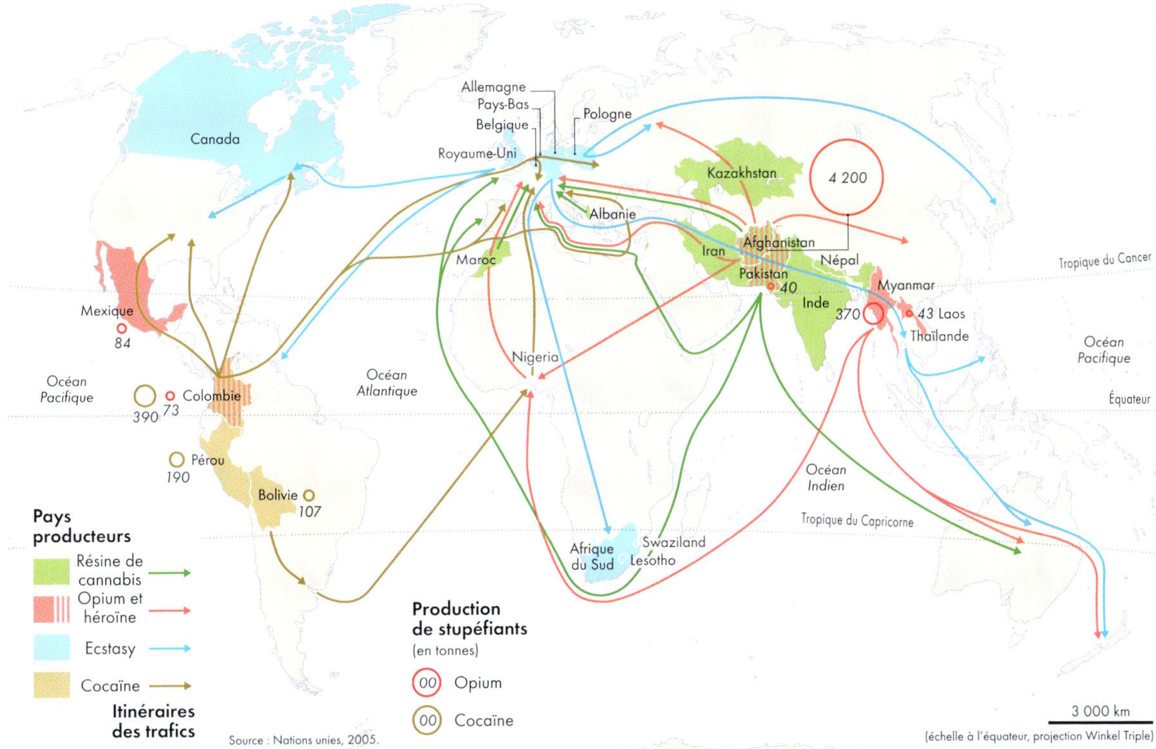

Source : Nations unies, 2005.

L'environnement, nouveau champ d'action de la criminalité mafieuse

Le terme « écomafia » désigne les groupes criminels dont les activités portent atteinte à l'environnement. En Campanie, l'incapacité des autorités à réformer la gestion des déchets a permis à la Camorra de prendre pied dans ce secteur. Ses entreprises sont désormais présentes en amont (enlèvement, transport) et en aval (enfouissement, recyclage). Cette région est devenue un gigantesque centre de stockage clandestin et la plaque tournante d'un trafic de déchets dont une partie est réexportée vers les régions voisines faute de place. Ce trafic porte sur des déchets domestiques locaux et des déchets industriels issus des usines d'Italie du Nord. Il s'inscrit dans une chaîne de production de richesses. Les déchets sont en toute illégalité enfouis dans l'arrière-pays napolitain. Ces décharges clandestines, une fois remblayées, sont utilisées comme terrains agricoles (cultures maraîchères et pâturages) ou supports immobiliers.

250 000 personnes seraient ainsi exposées à des substances dangereuses. Les zones où ce trafic est particulièrement répandu (Nola, Caserte, Acerra) affichent des taux de cancers supérieurs à la moyenne nationale. Grâce à de fausses certifications, des déchets sont également recyclés sous la forme d'engrais ou réinjectés dans la filière BTP (fabrication de matériaux de construction et de revêtements routiers). Là encore, non sans conséquences pour l'environnement et la santé publique…

> ***Sans la mafia, le Mezzogiorno serait aussi riche que le Nord.***
> FONDAZIONE BNC-CENSIS.

LE MEZZOGIORNO

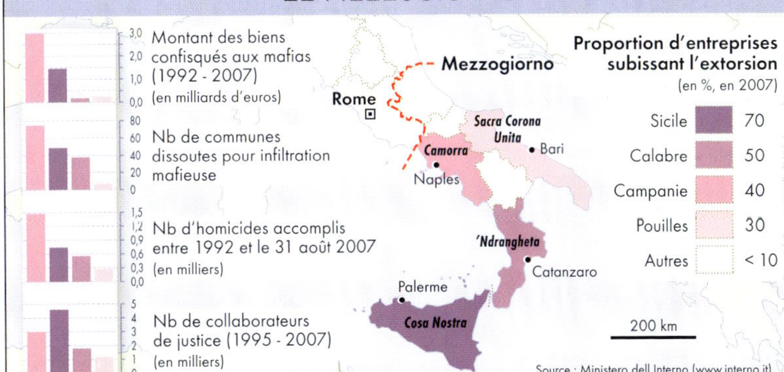

Source : Ministero dell Interno (www.interno.it).

UNE ESPÉRANCE DE VIE INÉDITE, DE

L'espérance de vie et la mortalité infantile sont des indicateurs qui révèlent tout à la fois les conditions socio-économiques et l'efficacité des politiques sociales et de santé publique conduites par les États. Au niveau mondial, les valeurs de ces indicateurs n'ont jamais été aussi bonnes mais les écarts à la moyenne n'ont jamais été aussi élevés. Partis de loin, en 1950, de nombreux pays du « tiers monde », comme les dénommait alors Alfred Sauvy, ont rattrapé les pays les plus avancés. Cependant, des lignes de fracture s'observent selon trois registres: les territoires, le sexe, le milieu socio-économique.

LA POPULATION ÂGÉE DE PLUS DE 65 ANS DANS LE MONDE

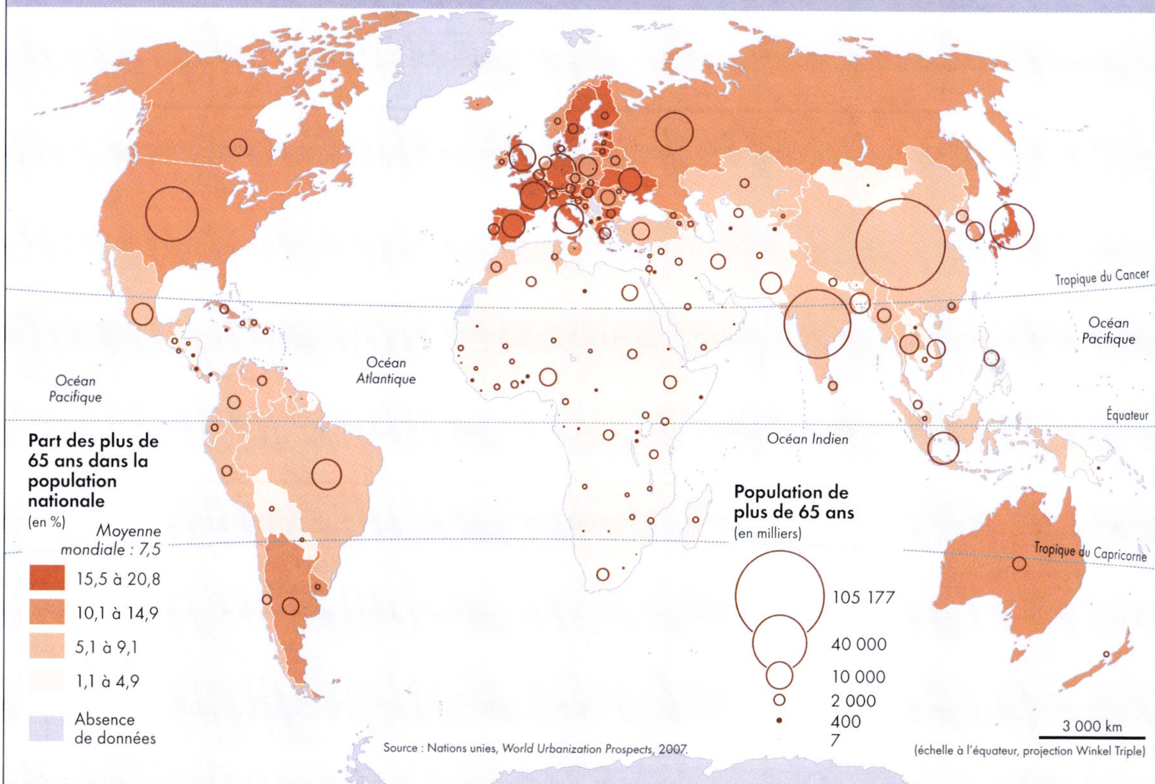

Source : Nations unies, *World Urbanization Prospects*, 2007.

LE POIDS DE LA POPULATION DE PLUS DE 65 ANS EN 2007

La durée de vie s'allonge et, avec elle, l'espérance de vivre en bonne santé, qui dépasse désormais 65 années pour la population de la moitié des États du monde. Les divergences sont maximales entre les vieux pays industrialisés confrontés à une gérontocroissance historique et les PMA aux populations jeunes, tandis que, depuis les années 1970, le vieillissement s'accélère dans les pays émergents, Chine en tête.

Les questions posées par le vieillissement de la population

Les femmes vivent toujours plus longtemps que les hommes : 74 ans contre 71 ans. Entre 1995 et 2006, les femmes ont en moyenne gagné 3 années d'espérance de vie, les hommes 4. L'âge médian de la population mondiale ne cesse d'augmenter : 22 ans en 1970, 27 ans en 2000, on estime qu'il atteindra 33 ans en 2025. Les 65 ans et plus, qui représentaient 6 % de la population mondiale en 2003, devraient atteindre 8,4 % en 2015. Les octogénaires, estimés à 86 millions en 2005, seraient 400 millions en 2050. Le vieillissement de la population soulève des problèmes économiques et sociaux, notamment, dans les pays développés, pour assumer le coût social et économique de la dépendance du quatrième âge. Les pouvoirs publics doivent faire face à la tension du marché de la dépendance, entre une demande en forte croissance et un sous-équipement en structures d'accueil. On assiste à l'explosion des emplois à la personnes occupés par des populations faiblement qualifiées.

PLUS EN PLUS CONTRASTÉE

Des disparités extrêmes et inédites entre les pays

Les écarts entre les valeurs extrêmes d'espérance de vie s'accroissent : 53 années séparent l'espérance de vie à la naissance d'une fille née en 2006 entre le Japon (86 ans) et la Zambie (33 ans). Conflits, déficits d'investissements dans le développement humain et impact du sida ont isolé l'Afrique subsaharienne. En Afrique australe, la plus affectée par l'infection à VIH/sida, les gains de trente années d'espérance de vie ont été perdus en moins de dix ans.

Les disparités se déclinent par sexe puisqu'on constate, à l'échelle mondiale, un écart d'espérance de vie à la naissance de quatre années au profit des femmes, mais dans certains États les écarts sont nuls (Ouganda, Malawi ou Afghanistan), voire inversés (Botswana, Lesotho ou Zimbabwe).

Des disparités se maintiennent entre catégories professionnelles dans les pays développés aux espérances de vie les plus élevées. En 2003, un homme cadre de 35 ans peut espérer vivre encore 47 ans dont 34 indemne de toute incapacité ; un ouvrier, 41 ans dont 24 sans incapacité. Les causes de ces disparités sont multiples : mode de vie, risques professionnels, inégale sensibilité à la prévention, inégal accès au système de soins.

Les disparités d'espérance de vie expriment la fragmentation urbaine. Un quartier défavorisé cumule les handicaps aux conséquences néfastes pour la santé, tandis qu'un autre, favorisé, produit un système plus protecteur.

Le vieillissement de la population mondiale s'accélère par l'effet simultané de la diminution des naissances et du recul de l'âge du décès (gérontocroissance). Vivre longtemps et en bonne santé est une situation partagée par de plus en plus d'hommes, mais les populations des PMA, et les plus pauvres sous toutes les latitudes, restent majoritairement à l'écart de cette dynamique.

Le vieillissement de la population, une nouvelle donne pour le développement durable.

L'ESPÉRANCE DE VIE À LA NAISSANCE EN 2007

Espérance de vie à l'âge de 35 ans par professions et catégories socio-professionnelles en France dans les années 1990
(en nb d'années)

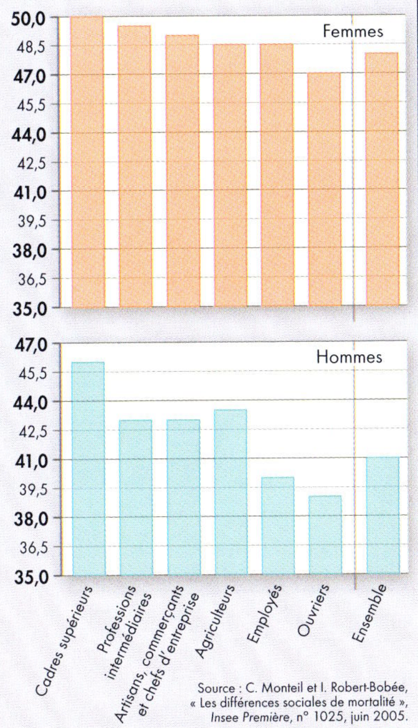

Source : C. Monteil et I. Robert-Bobée, « Les différences sociales de mortalité », *Insee Première*, n° 1025, juin 2005.

L'ESPÉRANCE DE VIE CROÎT

À l'échelle mondiale, l'espérance de vie à la naissance (H/F) est passée de 45 années en 1950 à 67 années en 2007. Dans 130 pays (plus de 5 milliards d'individus), elle dépasse 60 années. La conjonction des ressources économiques mises au service du développement humain, du recul de la pauvreté, des progrès médicaux et de leur diffusion, et de l'efficience des politiques de santé publique explique ses améliorations.

LE TAUX DE MORTALITÉ INFANTILE (1970-2004)

Évolution du taux de mortalité infantile par groupes de pays, 1970-2004
(en ‰)

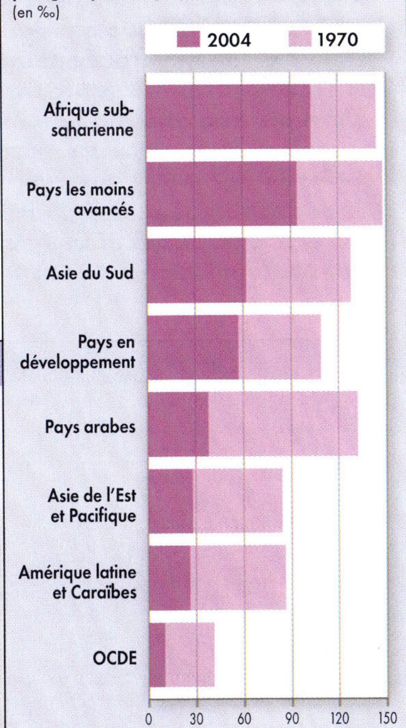

Source : Pnud, *Rapport sur le développement humain*, 2006.

Vivre longtemps et en bonne santé

Cette situation est partagée par de plus en plus d'hommes mais les populations des pays les moins avancés et les plus pauvres sous toutes les latitudes restent majoritairement à l'écart de cette dynamique. Leur santé n'est pas durable parce qu'elles ont avant tout d'énormes besoins d'amélioration des conditions de vie, préalable indispensable à la projection dans le futur qu'implique le développement durable.

Des indicateurs démosanitaires banals comme le taux de mortalité et l'espérance de vie révèlent le fonctionnement des pays ; ils montrent aussi les limites de l'usage du partage du monde entre pays en développement/pays développés, Nord/Sud, pays riches/pays pauvres, partage troublé par les pays émergents, encore appelés pays intermédiaires – pour combien de temps ? –, dont les valeurs des indicateurs témoignent du chemin parcouru en quelques décennies.

NAISSANCE ET MORT, RÉVÉLATEURS DES

Les indicateurs démographiques synthétisent au mieux le niveau et le type de développement des pays. Ils renvoient en effet autant à la gestion de l'environnement qu'au niveau d'éducation ou au système de soins. En termes de développement durable, les progrès des niveaux de mortalité infantile et juvénile renseignent sur la gestion globale de la santé et de ses déterminants, et ceux de mortalité prématurée (avant 65 ans) sur le coût social de décès qui auraient pu être évités. Les indicateurs démographiques soulignent ainsi les liens réciproques entre état de santé et développement durable, et appellent une action sur les causes des états de santé.

LA MORTALITÉ INFANTILE ENTRE 1997 ET 2007

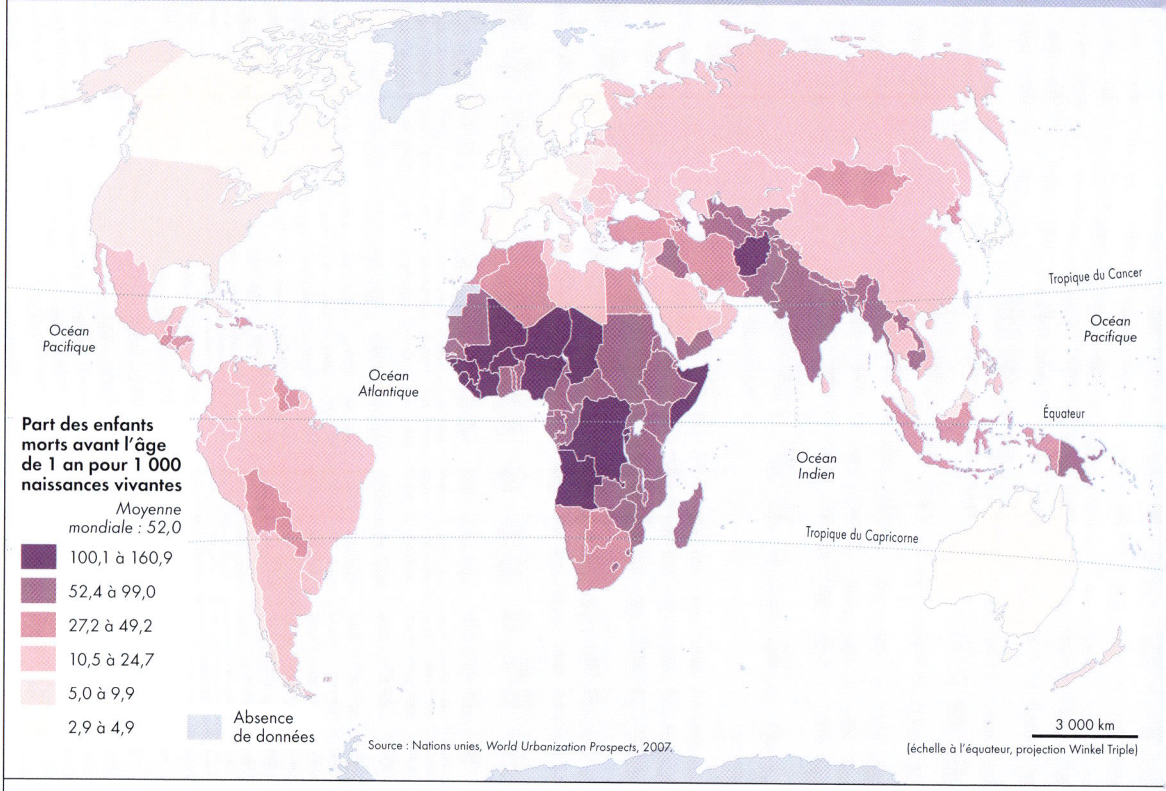

Source : Nations unies, *World Urbanization Prospects*, 2007.

La mortalité infantile, une chute accélérée

Le niveau de la mortalité infantile dépend des conditions de vie, du milieu social dont les niveaux de revenus et d'éducation, des mères en particulier, ainsi que des politiques de santé de la reproduction.

À l'échelle mondiale, le taux de mortalité infantile, estimé à 96 pour 1 000 naissances vivantes en 1970 est tombé à 52 pour 1 000 en 2006. Selon les estimations de l'OMS et de l'Unicef, la mort fauchait plus de 17 millions d'enfants de moins de 5 ans en 1970, contre moins de 10 millions en 2006.

Cette tendance générale est responsable pour une large part de l'allongement de l'espérance de vie observée au XXe siècle et traduit les effets de la lutte contre les maladies infectieuses – grande cause exogène de la mortalité des plus jeunes –, de l'amélioration des conditions socio-économiques et de la mise en place de politiques de santé maternelle et infantile. L'Afrique subsaharienne se distingue par un taux encore supérieur à 100. Dans certains pays, la situation s'est aggravée au cours des années 1995-2005 (Burundi, Tchad, Zimbabwe, Swaziland, Botswana), conséquence des conflits et/ou de la malnutrition et des maladies infectieuses dont le VIH/sida.

SYSTÈMES DE SANTÉ

LES TAUX COMPARATIFS DE MORTALITÉ PRÉMATURÉE CHEZ LES HOMMES EN FRANCE

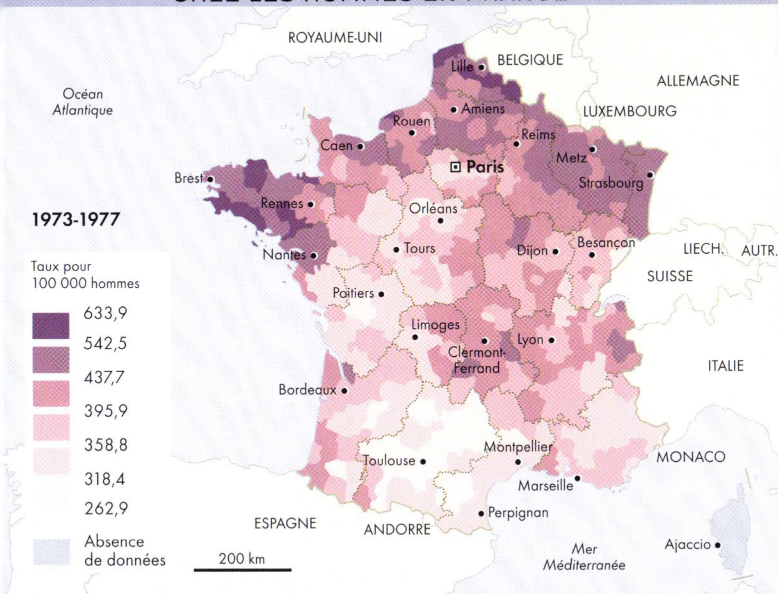

Sources : Centre d'épidémiologie sur les causes médicales de décès, Inserm ; Insee.

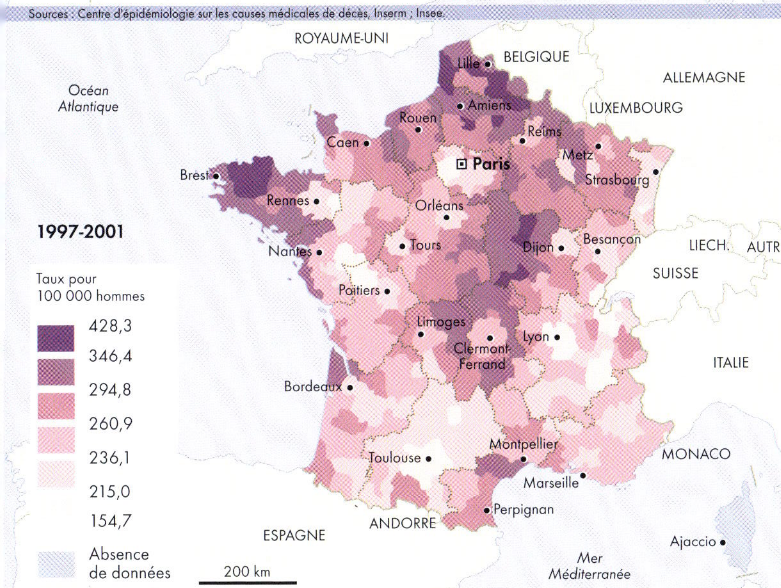

En France, réduire la mortalité prématurée

Si l'on souligne souvent le caractère injuste ou choquant de la mortalité humaine quand elle touche une population jeune, on peut aussi envisager cette question sous un angle économique et territorial. Le décès d'individus à un âge précoce constitue en effet un coût social important : alors que la collectivité a « investi » – dépenses d'éducation, de santé, de couverture sociale – de fortes sommes, des décès prématurés constituent une perte sèche importante puisque cette nouvelle génération ne pourra assurer son rôle de solidarité et de reproduction sociale. On se doit d'envisager également le coût territorial de la mortalité précoce. On a en effet observé dans tous les pays du monde les liens étroits entre dynamiques démographiques et dynamiques territoriales : des décès de personnes jeunes ont un impact sur le développement des territoires, les années perdues étant des années non travaillées.

Les fractures françaises

En France, l'indicateur de mortalité prématurée est supérieur à la plupart de ceux de l'Europe des 15. Les causes de décès prématurés sont considérées comme évitables si les comportements individuels à risques sont moindres (tabac, alcool, vitesse sur les routes, etc.) et si le système de soins préventif et curatif fonctionne bien (dépistage, suivi médical, accès aux soins, qualité des soins).

1973-1977. Les taux de décès prématurés en France variaient dans un rapport de 1 à 2,4 pendant la période 1973-1977, définissant un croissant de surmortalité allant de la Bretagne au Nord-Pas-de-Calais et à l'Alsace. L'amplitude s'est accrue pour la période 1997-2001, avec une variation des taux dans un rapport de 1 à 2,8. Mais surtout la carte identifie bien les zones dynamiques (Bretagne urbaine ou Alsace) qui présentent des taux plus faibles, et les zones stagnantes comme la diagonale du vide ou les zones en difficultés économiques ou à risques professionnels comme les villes portuaires.

1997-2001. La part des décès prématurés dans la mortalité générale varie dans un rapport de 1 à 3 en 1973-1977 et de 1 à 2 en 1997-2001. Les cartes soulignent les corrélations entre le poids fort de cette mortalité dans la mortalité générale et le dynamisme des territoires : la Bretagne rurale, le Nord industriel en crise, la diagonale du vide mais aussi le pourtour méditerranéen s'opposent au Centre-Ouest, au Sud-Ouest et à l'ensemble Lorraine-Alsace.

La démographie, est-elle un frein ou un accélérateur du développement durable ? Les deux ! Les visions malthusienne ou nataliste sont dépassées : santé et développement sont interdépendants. ”

LES FORÊTS ÉCOCERTIFIÉES, UNE BONNE

L'idée d'écocertification cumule les connotations positives. Elle marie la racine « éco », d'écologie et économie, avec l'idée de contrat, de garantie de bonne gestion des forêts. Tout comme les AOC (appellation d'origine contrôlée), pour le vin et les produits alimentaires, elle s'inscrit dans une logique de démarche qualitative. Deux principaux systèmes d'évaluation, aux noms de code inconnus du grand public, FSC et PEFC, sont en concurrence frontale, sur le plan mondial, pour symboliser la garantie de gestion durable des forêts. Paradoxalement, créée pour améliorer le destin des forêts tropicales, l'écocertification concerne surtout les forêts tempérées.

QUI DIT LE DURABLE ?

DEUX STRATÉGIES ADVERSES
FSC, PEFC : deux logos, deux écolabels, deux stratégies, deux adversaires cherchent à se disqualifier mutuellement dans la recherche de légitimité pour valider la gestion durable. Les représentants de l'écologique, de l'économique et du social sont engagés dans un étrange combat. Le durable semble être un prétexte ou un alibi pour des enjeux de pouvoir politique, économique et symbolique.

Qu'est-ce qui se joue derrière cette étonnante, féroce et stérile guerre des labels ?

Pourquoi écocertifier ?

Dans les années 1990, à la suite du sommet de Rio de 1992, biodiversité et déforestation des forêts tropicales deviennent des causes environnementales mondiales, au cœur des débats sur le développement durable.

Un constat alarmant. Les chiffres-clés du débat portent sur l'évaluation des superficies forestières mondiales, voisines de 4 milliards d'hectares, d'après les estimations de la FAO, mise en regard avec les chiffres annuels de défrichement, de l'ordre de 15 à 20 millions d'hectares par an, dans la décennie 1980-1990. L'écocertification est directement issue de ce constat alarmant.

Le boycott des bois tropicaux ? Une première réponse, simpliste et en partie inadéquate aux questions de déforestation, consiste à boycotter les bois tropicaux. Il s'agit d'une « fausse bonne solution », ignorant le fait que l'essentiel des 15 millions d'hectares défrichés chaque année ne concerne pas le commerce international du bois. Les déforestations sont liées, de façon vitale pour les paysanneries des pays en développement, à la volonté de gagner de la terre agricole, à la nécessité de disposer de bois et de charbon de bois pour le chauffage des habitations ou encore aux habitudes de cuire les aliments au feu de bois (60 %). Une deuxième réponse, tenant mieux compte de la complexité des enjeux de la déforestation, est l'écocertification. Elle part du postulat, non démontré, d'une relation entre le marché du bois et le bon état écologique des écosystèmes forestiers.
Ecocertifier une forêt, c'est démontrer que l'origine des bois fournis sur le marché provient de forêts gérées de façon durable. Tout bois provenant d'une forêt bien gérée se verra labellisé.

Surfaces forestières certifiées FSC
(en pourcentage de la surface forestière totale)

- 50 à 93
- 20 à 50
- 10 à 20
- 1 à 10
- 0 à 1

Surfaces forestières certifiées FSC
(en milliers d'hectares)

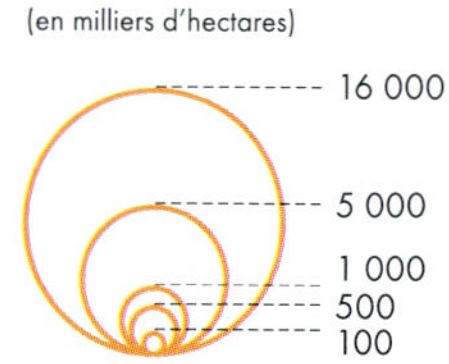

Source : FSC, 2008.

IDÉE NON PARTAGÉE ?

LA SURFACE DES FORÊTS ÉCOCERTIFÉES

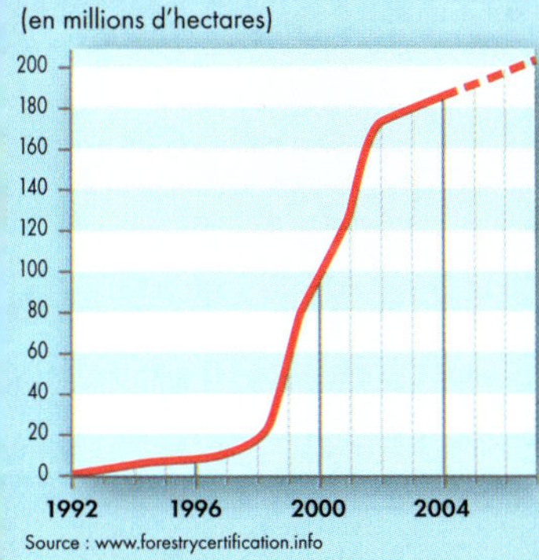

Source : www.forestrycertification.info

Quelle labellisation ?

La labellisation, conçue et mise en forme par le WWF, au nom d'autres grandes ONG environnementales – UICN, Greenpeace, les Amis de la terre – repose sur des principes, au nombre de dix, et sur une structure de validation répondant au nom de FSC (Forets Stewardship Council). La force du système s'appuie sur la création d'un comité directeur, composé de trois chambres de représentants du monde économique, social et environnemental, disposant du même nombre de voix, gage apparent d'équilibre entre les trois piliers du développement durable. Ce système pensé pour les forêts tropicales a surtout été testé et validé pour des forêts tempérées de pays développés, en liaison avec les acteurs économiques de la grande distribution, comme les entreprises pionnières sur ces questions en France, Carrefour et les Trois Suisses.

En réaction contre ce processus, conçu pour les forêts tropicales, une autre labellisation, PEFC (Pan European Forest Certification) a été mise en place par les forestiers privés européens. Ses promoteurs, des associations de propriétaires privés, jugent que le système FSC ne tient pas compte des spécificités des forêts européennes, appartenant à des millions de propriétaires privés. Ils ne se reconnaissent pas non plus dans le terme d'indigènes utilisé dans le troisième principe de la charte constitutive de FSC.

Les dangers d'un modèle unique

La virulence des débats pour tenter d'imposer un modèle unique de certification, le combat pour la légitimité mondiale, le refus de reconnaître l'intérêt des systèmes concurrents étonnent. La coexistence de multiples aires écologiques – du tropical au boréal en passant par le tempéré et le méditerranéen – et de maillages géopolitiques – allant des communautés locales aux États en passant par des structures intermédiaires régionales privilégiées, dans le système PEFC –, aux logiques différentes, ne justifie pas l'adoption de schémas réducteurs. Cette volonté monopolistique et ce refus de dialogue sont inquiétants. Derrière cette guerre menée sur le terrain et sur Internet, au travers de campagnes du type « Behind the logo », ainsi que les batailles de chiffres pour apparaître comme le « mieux certifiant », se cachent fatalement des enjeux de pouvoir.

L'ÉCOCERTIFICATION PROFITE SURTOUT AUX FORÊTS TEMPÉRÉES

LES ÉNERGIES RENOUVELABLES, DES

Les énergies renouvelables occupent une place grandissante dans le bilan énergétique mondial. Ceci s'explique par le caractère limité des énergies fossiles à l'échelle de l'homme et par leurs effets induits : pollutions diverses et rejets dans l'atmosphère de gaz à effet de serre. C'est donc dans un contexte d'inquiétudes à la fois géopolitiques et environnementales qu'elles apparaissent comme un recours nécessaire. Néanmoins les applications montrent souvent leurs limites. Sont-elles à même de proposer, seules, des solutions alternatives aux énergies de stock ? La question se pose au vu des utilisations actuelles et, paradoxalement, des critiques qu'elles soulèvent.

L'ÉNERGIE NUCLÉAIRE

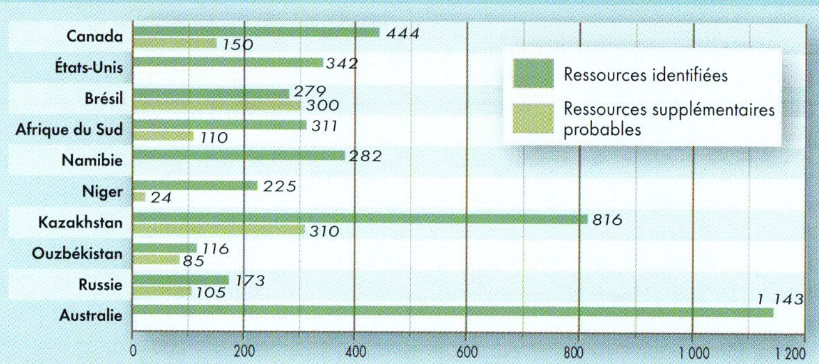

Source : Uranium 2005, *Ressources, Production and Demand*, OCDE 2006.

La grande diversité des énergies renouvelables

Énergie éolienne, hydraulique, des marées, photovoltaïque, biomasse géothermie : certaines de ces énergies renouvelables sont connues depuis longtemps. La géothermie était exploitée par les Romains qui utilisaient les sources chaudes pour le chauffage ; eau et vent fournissaient de l'énergie aux moulins. Ce sont les découvertes du XIXe siècle qui ont permis leur utilisation.

L'énergie nucléaire est-elle une énergie renouvelable ?

L'énergie nucléaire est une énergie non renouvelable puisque sa matière première, l'uranium, est en quantité finie, mais ce n'est pas non plus une énergie fossile puisque l'origine du combustible ne résulte pas de la transformation de matières organiques. La consommation d'énergie nucléaire progresse dans le monde (elle représente 7 % de la consommation mondiale d'énergie) et évite actuellement le rejet de 2,1 milliards de tonnes de CO_2 par an dans l'atmosphère. Néanmoins, l'utilisation de cette énergie suscite des débats en termes de sécurité (accident de Tchernobyl, par exemple) au point que certains pays, notamment en Europe, envisagent de l'abandonner. Malgré tout, les considérations économiques et géopolitiques actuelles peuvent être à l'origine d'un nouveau départ. En France, avec la centrale de Flamanville (Manche), EDF développe une nouvelle génération de réacteurs dite EPR.

L'énergie éolienne

Les investissements dans l'électricité éolienne sont supérieurs à ceux de l'hydraulique. Le potentiel est grand en Europe (Allemagne, Espagne, Danemark, Grande Bretagne, France, Grèce), aux États-Unis et dans les grands pays émergents (Inde, Chine). Lié à l'action du vent, l'éolien est inépuisable mais il dépend de la fréquence du vent, de son intensité et de sa régularité. D'usage limité, il doit être combiné avec d'autres sources d'énergie.

Un potentiel largement sous-exploité et systématiquement contesté. ”

LA PRODUCTION D'AGRO-CARBURANTS

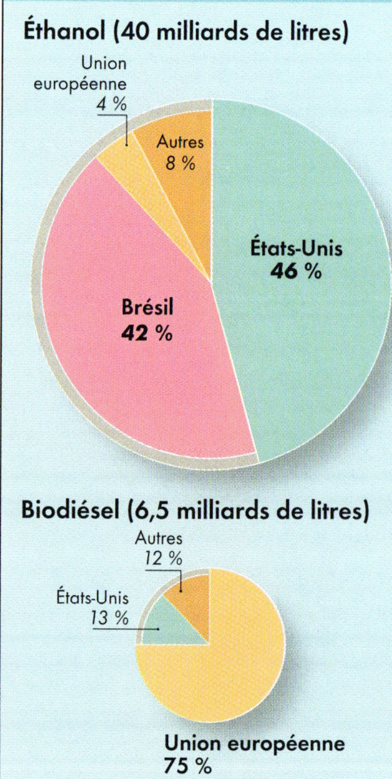

Pourcentages de la production mondiale de carburant à base d'éthanol et de biodiésel en 2006.

Source : F.O. Licht Consulting Company, communication personnelle 17 juillet 2007.

SOLUTIONS DE COMPLÉMENT ?

Les biocarburants ou « énergie verte »

Le terme de biocarburant s'explique car on fait appel à la biomasse pour l'élaborer. Il existe deux filières : le bioéthanol, issu de la transformation de la canne à sucre, de la betterave ou des céréales, puis mélangée à de l'essence. Le biodiesel (ou diester) est élaboré à partir d'huiles de colza, de palmier, de tournesol, de soja mélangées à de l'alcool.

Sont-ils une solution viable à terme ?

Les produire consomme de l'énergie fossile (pour l'agriculture et le transport qui se fait par bateau et camion), transformer les végétaux consomme beaucoup d'eau (pour traiter une tonne de canne à sucre, il faut 4 000 litres d'eau) et les cultures pour les biocarburants entrent en compétition avec les cultures nécessaires à l'alimentation de l'homme. Si 2 milliards d'hommes utilisaient les biocarburants pour leur automobile, il faudrait mettre en culture pour les produire 150 millions d'ha, soit la surface des terres labourables de la planète. 200 kg de maïs sont nécessaires pour faire le plein d'un 4x4, soit la consommation alimentaire annuelle d'un Mexicain ! Enfin, une baisse corrélative de la biodiversité consécutive à la mise en culture d'espaces aujourd'hui occupés par les forêts et les zones humides est prévisible.

Le bilan environnemental est problématique, le rendement énergétique faible et le bilan carbone de combustion quasiment nul. Les biocarburants produits à partir de plantes utilisatrices d'engrais pourraient aggraver le réchauffement climatique (émissions de protoxyde d'azote dues à l'agriculture intensive, un gaz qui, à quantité égale, contribue 296 fois plus à l'effet de serre que le dioxyde de carbone).

Par contre, un atout compte : les coûts de production dérisoires de la transformation de la canne du Brésil et des fruits des palmiers à huile d'Indonésie ; la première est une plante pérenne installée pour une dizaine d'années et le palmier pour une cinquantaine d'années.

LES ÉNERGIES RENOUVELABLES DANS LE MONDE

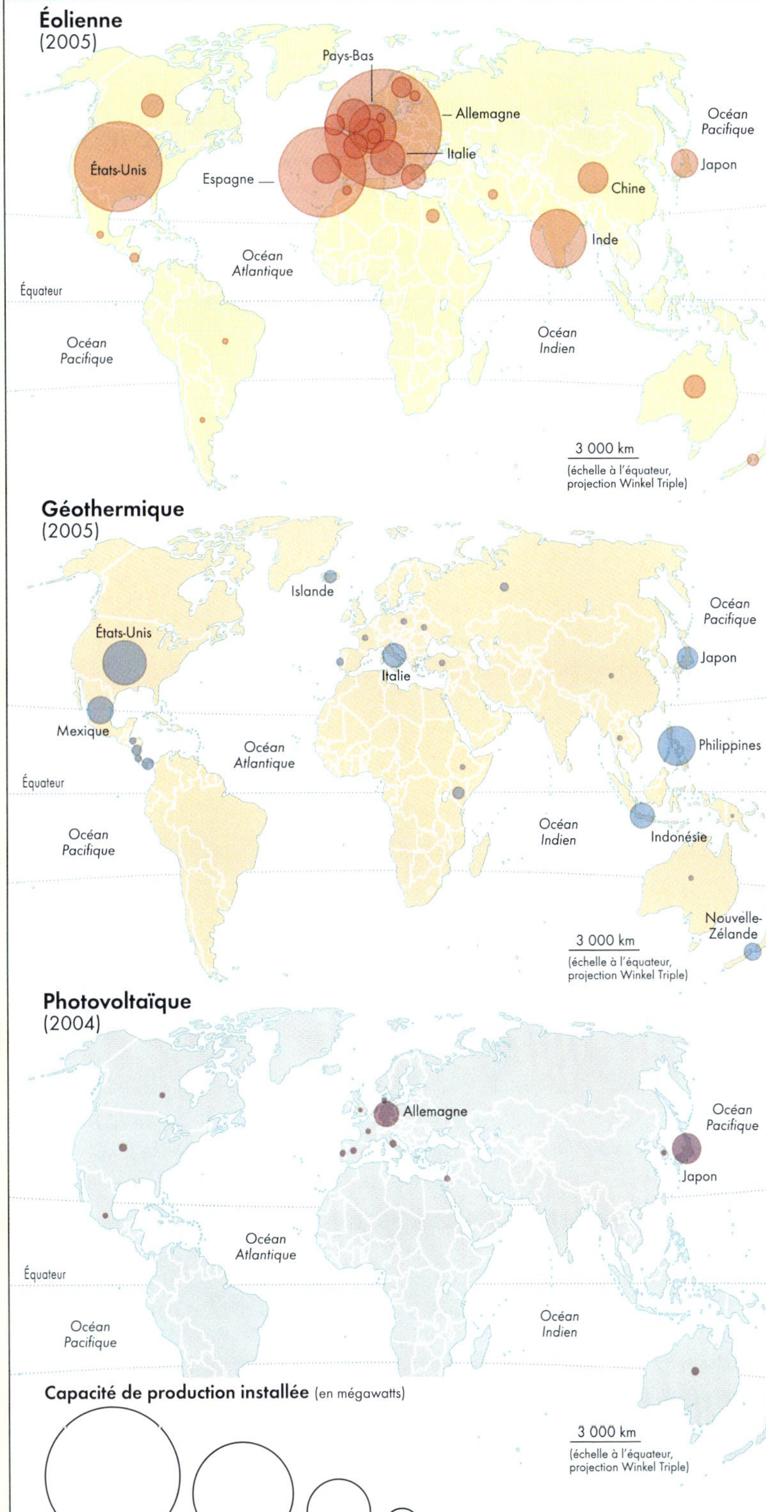

Source : J. Percebois, « Vers une nouvelle révolution énergétique », Questions internationales, n° 24, mars-avril 2007.

L'EAU POTABLE, ENTRE QUANTITÉ ET

Sans accès à une eau salubre, qui manque encore à 1,1 milliard d'habitants, la mortalité ne peut baisser, et sans irrigation – 40 % de la production alimentaire mondiale en dépend –, la malnutrition ne peut reculer : l'eau est au cœur du développement durable. On évoque le plus souvent le risque croissant de manque d'eau. Mais, au niveau mondial, l'eau est abondante et, même dans les régions où l'eau est rare, il y existe des techniques qui permettraient de pallier les pénuries locales. Contrairement aux idées reçues, les problèmes majeurs sont liés à la dégradation de la qualité de la ressource et à son inégale répartition spatiale et sociale.

LES RESSOURCES EN EAU PAR HABITANT DANS LE MONDE EN 2005

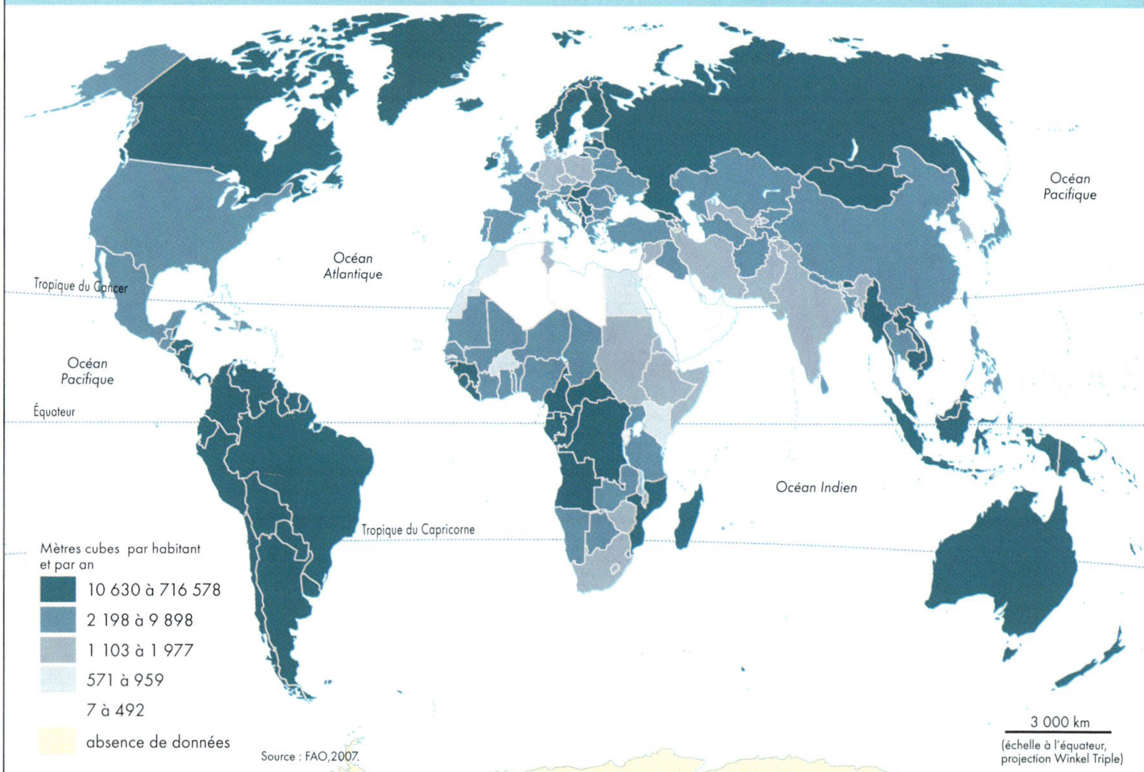

Des ressources en eau très inégalement réparties

Les ressources mondiales en eau sont inégalement réparties. De nombreux États du Sud se trouvent ou seront bientôt en situation de stress hydrique. Mais plus que le volume d'eau disponible, c'est la capacité à mobiliser les ressources qui est le facteur déterminant pour distinguer les situations critiques. Des pays peu dotés en eau arrivent à fournir de l'eau à toute leur population, tout en permettant une agriculture irriguée performante, au prix d'investissements massifs. C'est le cas par exemple de l'Australie ou d'Israël. En revanche, des pays aux ressources abondantes, comme la République démocratique du Congo, n'ont pas les moyens de construire un système d'adduction d'eau et connaissent une forte prévalence de maladies liées à l'eau. C'est pourquoi un nouvel indicateur – l'indice de pauvreté en eau – a été récemment proposé par des scientifiques pour mieux évaluer les problèmes liés à l'eau dans les différents États du monde.

Pour diminuer de moitié d'ici à 2015 le milliard de personnes qui n'ont pas accès à l'eau potable, il suffirait de prélever 3 % des dépenses annuelles en armement dans le monde.

”

QUALITÉ

L'INDICE DE PAUVRETÉ EN EAU

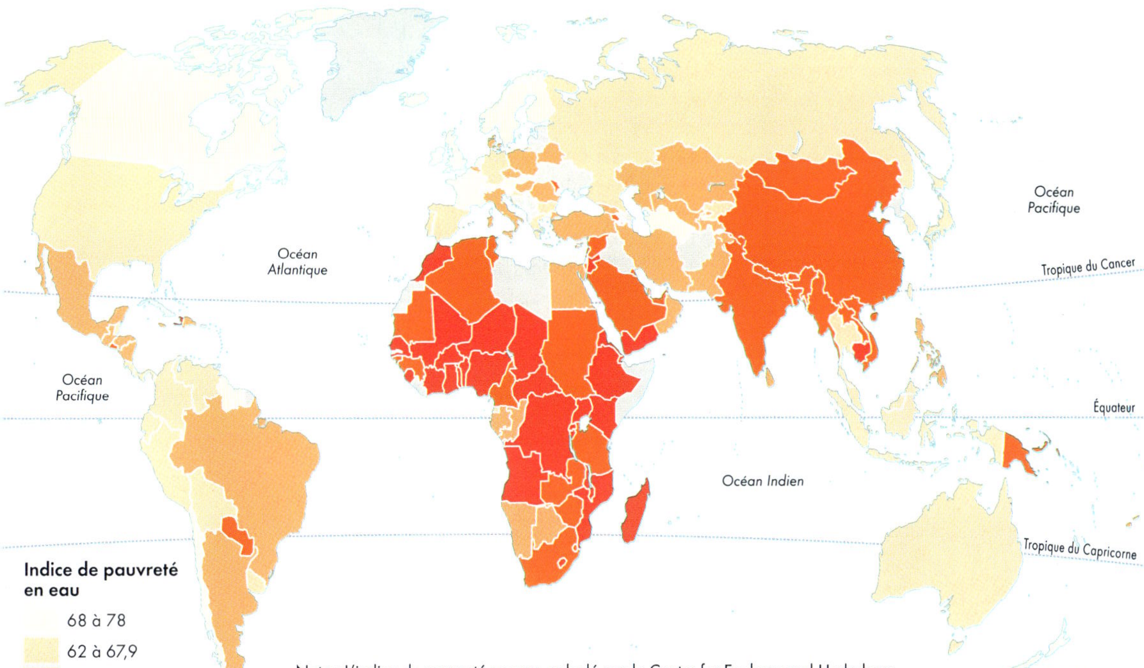

Note : L'indice de pauvreté en eau, calculé par le Centre for Ecology and Hydrology de Wallingford (Royaume-Uni), prend en compte cinq paramètres : les ressources, l'accès à l'eau des populations, la capacité à mobiliser la ressource, les types d'utilisation et enfin l'intégrité de l'environnement.
Plus l'indice est bas, plus la situation est grave.

http://www.ceh.ac.uk/sections/ph/WaterPovertyIndex.html.

Des prélèvements d'abord agricoles, mais de plus en plus urbains

Cette capacité de mobilisation induit aussi une pression accrue sur les ressources, avec une hausse des prélèvements et de la consommation. Cette dernière reste essentiellement agricole, mais, avec l'augmentation du niveau de vie, les prélèvements urbains et industriels augmentent rapidement, notamment dans les grandes villes d'Asie. La concurrence entre les différents utilisateurs pour l'accès à l'eau s'accentue, alors que les besoins agricoles restent importants.

Avec le développement augmentent aussi les menaces sur la qualité des ressources, avec des pollutions localisées dues aux usages industriels et domestiques, mais aussi des pollutions diffuses liées à l'agriculture. C'est le cas bien connu des nitrates et des pesticides dans les zones d'agriculture intensive des pays du Nord comme la France.

LES PRÉLÈVEMENTS D'EAU DOUCE PAR SECTEUR EN 2004

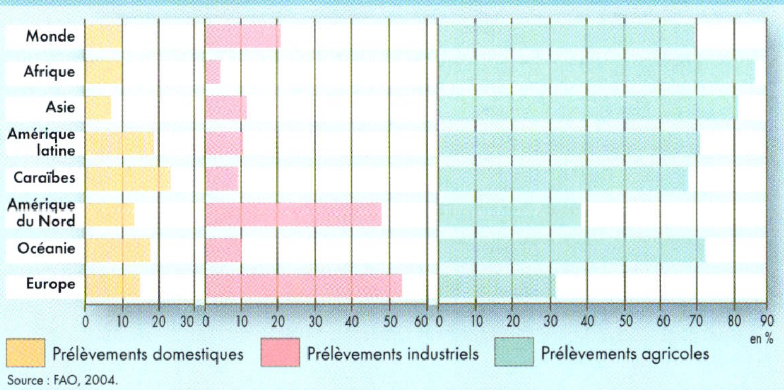

Source : FAO, 2004.

Quelle politique de l'eau ?

Face à ces problèmes, les solutions techniques existent : pour l'alimentation en eau des villes côtières, on sait dessaler l'eau de mer à un coût de moins en moins important. Il est également possible de transférer de l'eau par pipelines et canaux sur des centaines de kilomètres. La quantité d'eau disponible peut donc être augmentée. Parallèlement, des politiques de gestion de la demande sont mises en place pour réduire la consommation d'eau agricole, en produisant autant avec moins d'eau grâce à des techniques de goutte-à-goutte, ou encore en réduisant les pertes dans les réseaux urbains.

Plus que les « guerres de l'eau » entre États, deux questions vont dominer les politiques de l'eau dans les prochaines années : la préservation de la qualité, avec la lutte contre les pollutions localisées et diffuses, et le financement de l'accès à l'eau potable et à l'assainissement pour tous, dans une optique de partage équitable des coûts.

DES PISTES MULTIPLES POUR UN « TOUR

Le « tourisme durable » est devenu, dans son secteur, la référence obligée des politiques publiques comme des stratégies d'un nombre croissant d'entreprises. Pour l'essentiel, il est (encore ?) du ressort de l'intention, du projet, de la précaution. Nul n'est contre, mais bien peu le mettent en œuvre. Il prend plutôt sens à l'échelle locale et dans beaucoup d'initiatives qui se traduisent par un état d'esprit nouveau plus que par des réalisations spécifiques. Dans ces conditions, le « tourisme durable » est incartographiable à l'échelle mondiale, sauf à proposer les grands traits structurants du tourisme mondial et quelques expériences relevant des logiques du tourisme dit « durable ».

L'AUGMENTATION SPECTACULAIRE DES FLUX TOURISTIQUES

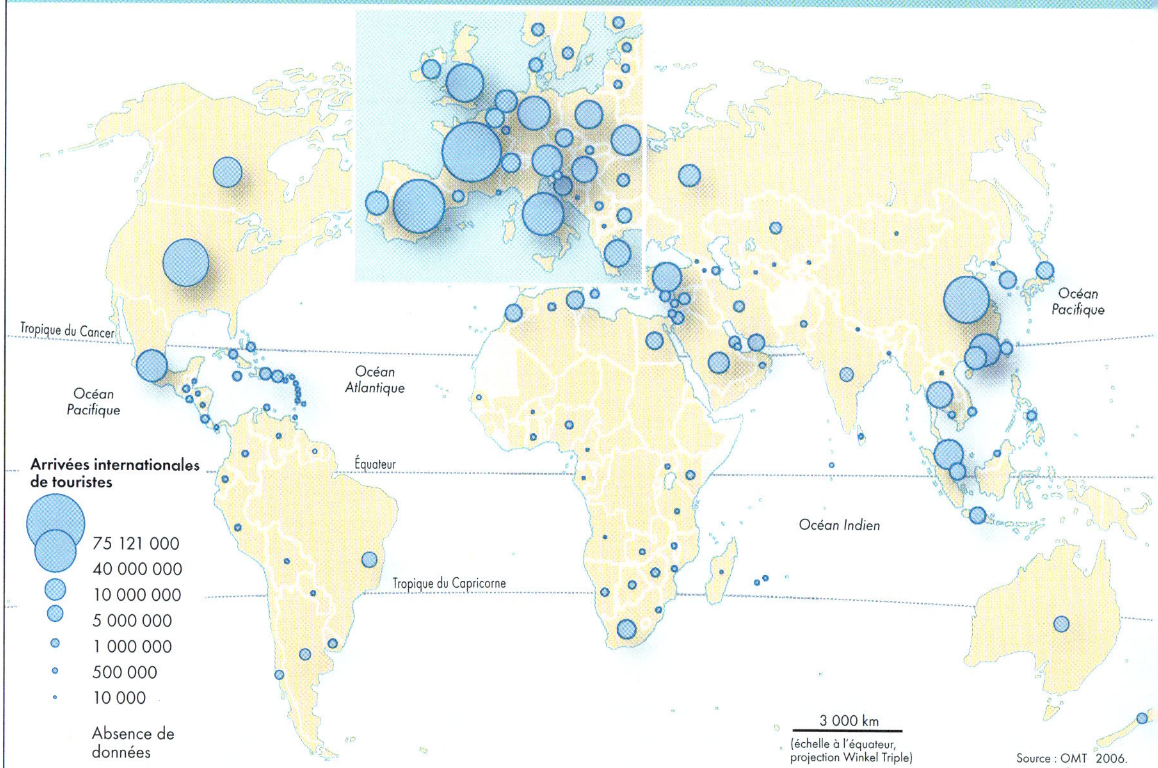

L'écotourisme, une solution pertinente pour un milliard de personnes ?

»

Comment peut-on définir le « tourisme durable » ?

Selon la Charte du tourisme durable (Organisation mondiale du tourisme, 1995), le développement touristique « doit être supportable à long terme sur le plan écologique, viable sur le plan économique et équitable sur le plan éthique et social pour les populations locales ». Si ces grands principes sont excellents, ils se heurtent à un autre principe, selon lequel il n'y a pas d'activité humaine sans effet sur les sociétés, leur territoire, leur économie et leur culture. Mais le « tourisme durable » peut constituer un ensemble d'objectifs qui contribuent à faire évoluer mentalités, pratiques, politiques à moyen et long terme sur les territoires. Dans les pays riches, le « tourisme durable » vise à penser et réduire – autant que possible – ses impacts sur l'environnement ; dans les pays émergents, l'enjeu consiste d'abord à favoriser le développement économique et social, en évitant de commettre d'irrécupérables atteintes à l'environnement.

ISME DURABLE »

Quel « tourisme durable » ?

Dépassant ses ambiguïtés fondatrices, perpétuées par un discours désormais mondialisé, le « tourisme durable » va bien au-delà d'une simple réponse marketing des entreprises du tourisme désireuses de s'adapter à un marché concurrentiel. Le souci d'un environnement préservé dans les espaces touristiques, la mise aux standards internationaux de l'accueil de visiteurs dans nombre de grands sites comme dans des établissements d'hébergement, les progrès de l'habitat durable pour une activité qui s'accompagne généralement d'une importante urbanisation, les efforts d'économie d'énergie dans les transports, la mise en place de principes éthiques entre visiteurs et visités dans les pays en développement, etc., sont autant de pistes montrant qu'il est non seulement possible de s'appuyer sur la durabilité pour faire évoluer le tourisme mais que la recherche de celle-ci est désormais l'un des moteurs du système touristique contemporain.

L'INÉGALE RÉPARTITION DES TOURISTES DANS LE MONDE

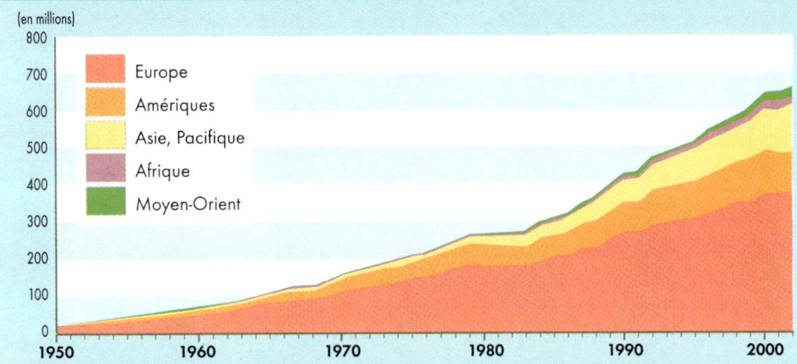

Source : OMT, 2007.

La mise en œuvre : exemples et excès

Les produits écotouristiques relèvent en théorie du « tourisme durable », même si nombre d'entre eux ne présentent pas de spécificités évidentes, sauf à proposer un contact avec une nature plus ou moins préservée. Le Costa-Rica est probablement la destination écotouristique la plus achevée, témoignant d'un « nouvel usage occidental du monde » (L. Boukhris). Aujourd'hui, beaucoup de pays offrent ce type de produit relevant de vocables variés, dont le « tourisme communautaire ».

La prise en compte de la durabilité implique la gestion des flux touristiques dans des lieux très fréquentés, fermés (Versailles) ou ouverts (Machu Picchu), la solution la plus répandue consistant en l'établissement de quotas.

L'Antarctique (plus de 25 000 visiteurs en 2005) constitue un cas limite, tout comme est limite l'argument de l'Association internationale des voyagistes de l'Antarctique (IAATO) selon lequel « on ne peut protéger ce qu'on ne connaît pas ».

ÉLÉMENTS POUR UNE GÉOGRAPHIE DU « TOURISME DURABLE »

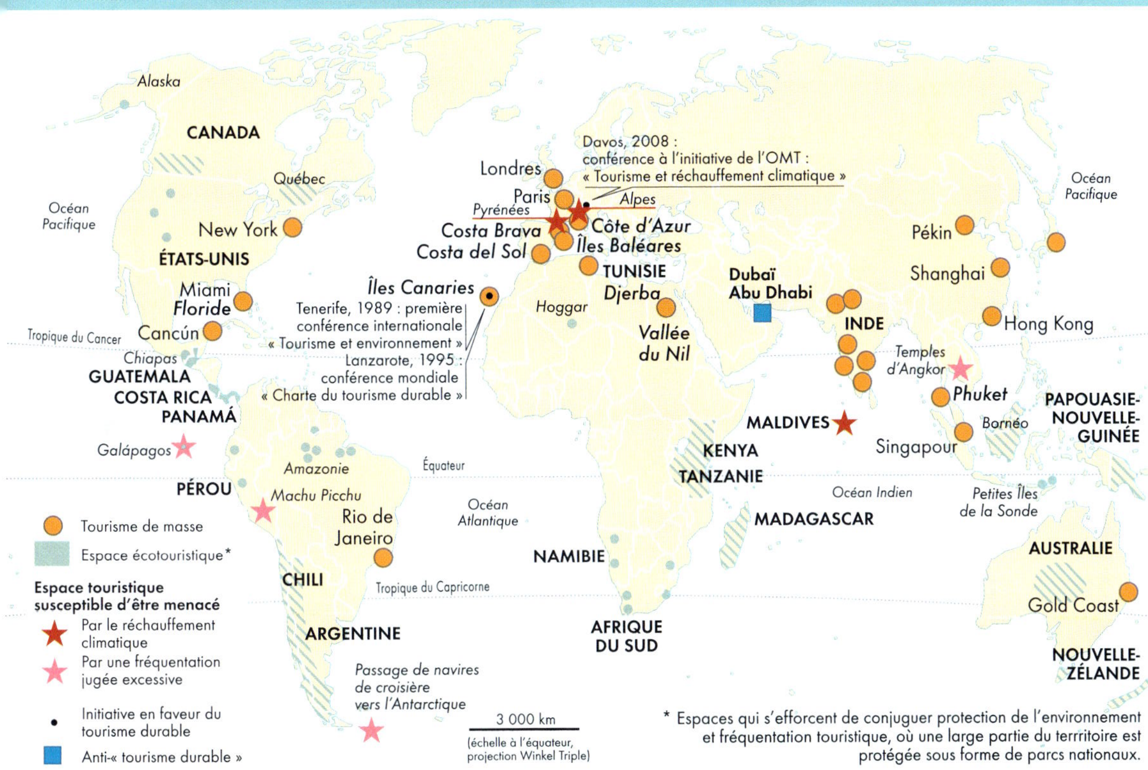

* Espaces qui s'efforcent de conjuguer protection de l'environnement et fréquentation touristique, où une large partie du territoire est protégée sous forme de parcs nationaux.

LE COMMERCE ÉQUITABLE : D'AUTRES

Le commerce équitable met en relation des pays producteurs du « Sud » et des clients consommateurs du « Nord ». Il se veut respectueux, soucieux d'équité, garant de prix stables au-dessus des cours mondiaux, de conditions de travail décentes des paysans. Il revêt des dimensions socio-économiques (échanges équitables et développement durable), éducatives (relations de confiance et transparence), politiques (plus de justice dans le commerce). Né aux États-Unis vers 1950, le commerce équitable touche l'Europe du Nord-Ouest vers 1960 (Oxfam, Royaume-Uni, avec en 1964 un magasin de produits du tiers monde). En France, l'essor date de 1970.

Le commerce équitable : une solution de riches pour les pauvres ? ❞

Les quatre axes du commerce équitable

Le déséquilibre de l'économie mondiale (dégradation des termes de l'échange depuis les années 1960) amplifie la prise de conscience dans les « pays riches » et suscite des circuits courts militants et d'inspiration tiers-mondiste pour trouver des débouchés aux petits paysans du tiers monde Il n'y a pas refus des échanges internationaux mais souci de mécanismes régulateurs corrigeant les déséquilibres. Cela s'opère selon quatre axes : création de structures parallèles liant associations, coopératives des acheteurs et des fournisseurs ; renforcement de groupements de producteurs en capacité de négocier des contrats plus « éthiques » ; établissement de labels et de marques de transformateurs ; adoption par les grands distributeurs de chartes avec principes d'éthique et de durabilité.

PRODUCTEURS ET NÉGOCIANTS CERTIFIÉS EN 2007

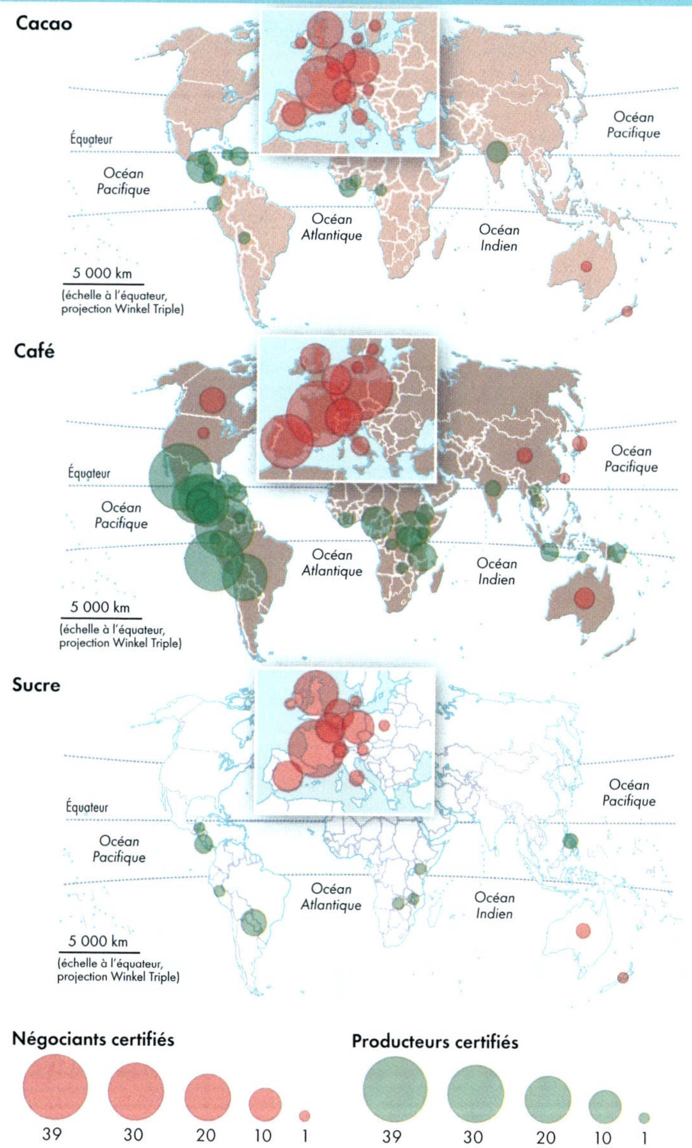

Source : FLO Cert. 2007.

RAPPORTS MARCHANDS ?

Produits et producteurs

Les produits agricoles et alimentaires dominent le commerce équitable. S'y ajoutent l'artisanat, des produits agro-industriels (coton), des biens agricoles non alimentaires (fleurs). Les bananes forment le plus gros tonnage (103 000 t en 2005), devançant café, cacao, sucre, jus de fruits et thé. Les quantités restent modestes même pour les produits phares.

Les producteurs « équitables » se trouvent dans les aires de production des plantes concernées : l'Amérique latine pour le café, avec élargissement récent en Afrique et en Asie ; pour le cacao, l'Amérique latine, trois pays d'Afrique, l'Inde ; une demi-douzaine de pays dispersés pour le sucre et le riz ; une cinquantaine de producteurs, dans trois pays latino-américains pour les bananes. Au total, quelques centaines de structures (petits agriculteurs, coopératives) fragmentées dans des aires peu nombreuses avec une nette dominante de l'Amérique du Sud et centrale. La diversification est d'autant plus forte que le développement du commerce équitable est ancien (café, cacao).

Les négociants certifiés « équitables » sont éclatés en de nombreuses entreprises en Europe occidentale, surtout du Nord-Ouest tandis que le commerce équitable se concentre sur peu d'entreprises en Amérique du Nord, en Australie, en Nouvelle-Zélande, en Asie, ne couvrant souvent qu'un seul produit, le café.

L'émergence du commerce équitable représente encore un marché « de niche », même si la grande distribution y participe aujourd'hui largement.

LA VENTE DE CAFÉ ÉQUITABLE EN EUROPE (2000-2006)

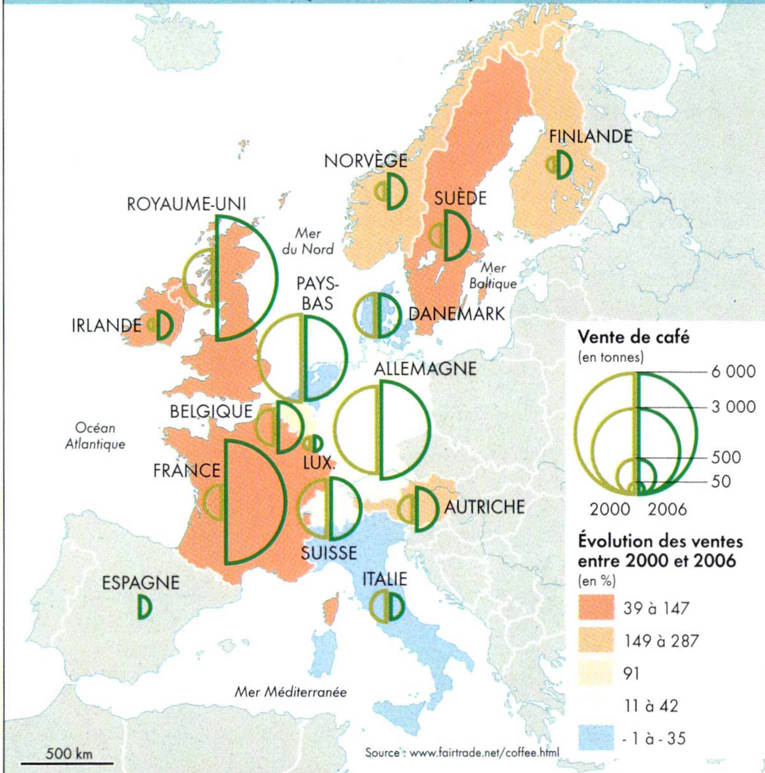

Source : www.fairtrade.net/coffee.html

LES POINTS DE VENTE ARTISANS DU MONDE

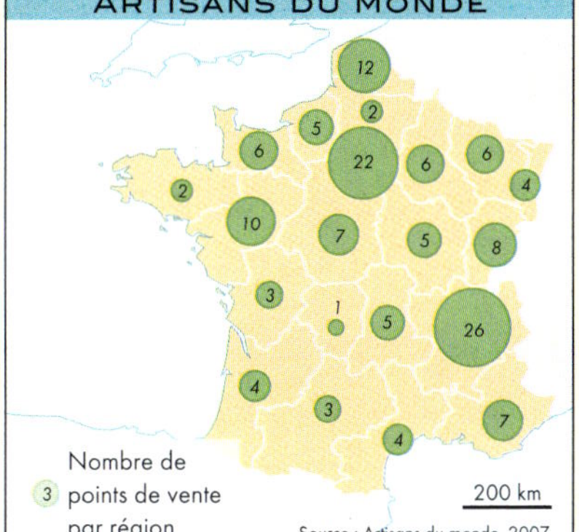

Source : Artisans du monde, 2007.

Le réseau Artisans du monde

Ce réseau, le plus important de France avec 170 magasins ou locaux associatifs, est né en 1981 comme distributeur fédératif à partir d'une structure de 1970 de vente de produits du tiers monde. Il fédère 130 associations, 5 000 bénévoles et n'a que 85 salariés ; sa centrale d'achat Solidar'Monde, une SARL, comprend la Fédération Artisans du monde, le Comité catholique contre la faim et pour le développement, des fonds éthiques tel Esfin Participation (Crédit coopératif et mutuelles). Le chiffre d'affaires croît : 10,2 M€ en 2005 (9 en 2004). Les produits artisanaux et alimentaires sont issus de 124 groupements de producteurs modestes ; la démarche est celle du microdéveloppement, respectueux de ses producteurs, trop petits pour intéresser la grande distribution. La carte des points de vente reflète militantisme et présence de clientèles soucieuses du « Sud » ou intéressées par les articles « authentiques ».

Un produit : le café

Le café représente encore aujourd'hui le principal produit du commerce équitable, en tonnage, en valeur et par le nombre de pays concernés. La montée en puissance a été rapide (tonnage mondial labellisé : 13 000 tonnes en 2000, 52 000 t en 2006). En 2000, un petit nombre de pays achetaient du « café équitable » ; l'Allemagne, les Pays-Bas, la Suisse, le Royaume-Uni dépassaient les mille tonnes, France, Belgique, Danemark, Italie, Etats-Unis se situant entre 400 et 700 t. En 2006, les États-Unis sont largement en tête : près de 24 000 t, la France et le Royaume-Uni en acquérant près de 6 200 t chacun. La liste des pays s'est allongée, en dehors de l'Europe occidentale et de l'Amérique du Nord, avec le Japon et l'Australie. En revanche, l'Europe de l'Est et les nouveaux pays industrialisés ne sont pas concernés et le poids de l'Europe du Sud demeure limité.

TRANSPORTS DURABLES : DE NOUVELLES

Devant les perspectives de réchauffement climatique de la planète et de demande croissante de mobilité (mondialisation, étalement urbain, entrée de pays émergents dans le modèle occidental), l'humanité est désormais confrontée au problème majeur de devoir promouvoir une mobilité moins polluante, au risque d'une réduction des déplacements et d'une révision généralisée de la localisation des activités humaines, particulièrement aux échelles internationale et locale. L'essor de transports durables est donc un objectif fondamental pour réduire de moitié d'ici à 2030 les émissions de CO_2 des transports par rapport à celles de 1990 (OCDE).

Une amélioration du fonctionnement des réseaux de transport ou la remise en question généralisée de la mobilité actuelle ?

”

La croissance des transports… et des émissions de CO_2

Responsable du quart des émissions mondiales de dioxyde de carbone (CO_2) en 2003, le secteur des transports est un (f)acteur majeur du développement durable. Produites aux deux tiers par les transports de voyageurs (un tiers pour le fret) et aux trois quarts par le transport routier (13 % par le transport aérien), ses émissions ont augmenté de 31 % depuis 1990, avec des perspectives à la hausse. Deux faits en sont la cause :

– l'éloignement accentué des lieux de satisfaction des besoins des populations (internationalisation de l'économie, fonctionnement en réseaux du système Monde, étalement urbain) ;

– la croissance de demande de transport, liée à la croissance urbaine et à l'aspiration logique d'une moitié de l'humanité à accéder au type occidental de mobilité.

LES TRANSPORTS DURABLES EN EUROPE : DISPARITÉS ET DYNAMIQUES

- Système de transport intermodal fortement intégré
- Système de transport intermodal modérément intégré
- Corridor de fret ferroviaire
- Nœud majeur du réseau intégré
- Part élevée du vélo dans les modes de transport :
  Pays-Bas : 7 %
  Danemark : 5 %
  Belgique : 3 %
  Europe : 1 %
- Perte par le rail d'un cinquième à un demi de sa part de marché dans le transport de fret (1995-2004)
- Plus de 84 % des transports de voyageurs assurés par la voiture particulière

Distinction nette entre une Europe occidentale et périphérique encore peu orientée vers le transport durable, une Europe orientale et périphérique qui le délaisse trop, et une Europe centrale (rhénane) qui rassemble les pionniers mondiaux.

Le transport durable (OCDE)

« Transport qui ne met pas en danger la santé publique et les écosystèmes, et qui respecte les besoins de mobilité tout en étant compatible avec une utilisation des ressources renouvelables à un taux inférieur à celui nécessaire à leur régénération et avec une utilisation des ressources non renouvelables à un taux inférieur à celui nécessaire à la mise au point de ressources renouvelables de remplacement. »

MOBILITÉS À INVENTER ?

La question des longues distances

Pour les déplacements longue distance (transnationaux, internationaux), le report modal de davantage de trafic fret de la route vers le rail est engagé avec le transport combiné (itinéraires transalpins de ferroutage, par exemple) et avec la mise en place de corridors de fret. Le report modal de la voiture particulière vers le transport collectif est favorisé par la grande vitesse ferroviaire qui capte des passagers routiers ou aériens. En association étroite, l'organisation de chaînes de transport intermodales performantes facilite les déplacements en articulant divers réseaux : invention américaine des conteneurs ; mise en place plus récente de liaisons rail-aéroport en Europe, innovation qui diffuse en Amérique du Nord et en Asie de l'Est (l'Amérique latine et l'Afrique restant en marge) ; intégration globale des réseaux à l'échelle d'un État (Suisse).

LE PÔLE D'ÉCHANGES INTERMODAL DE SLOTERDJIK (BANLIEUE OUEST D'AMSTERDAM)

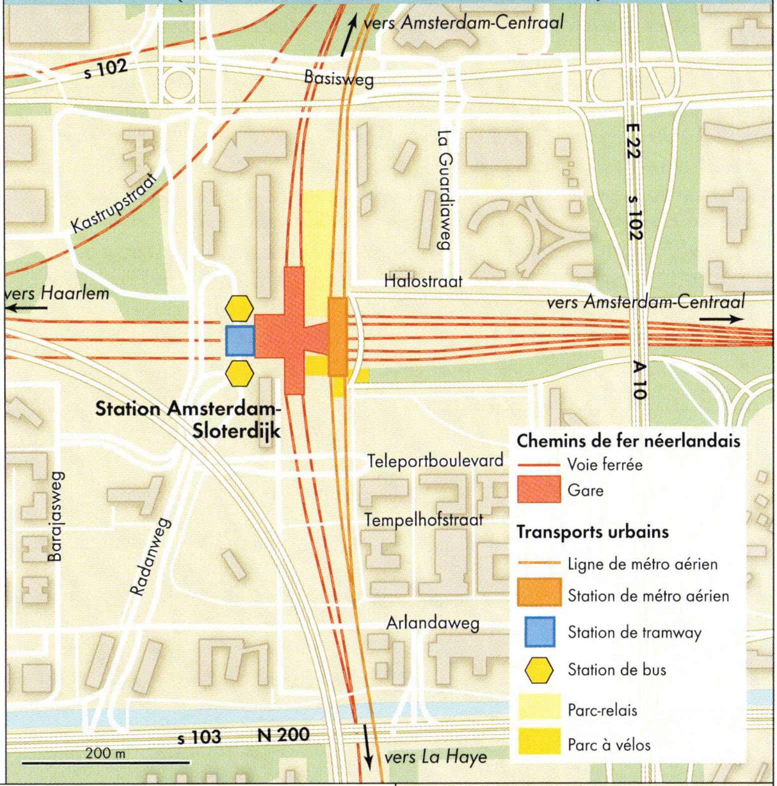

Quelles solutions pour les courtes et moyennes distances ?

LE RENOUVEAU DES TRANSPORTS PUBLICS, notamment urbains, pour les déplacements à courte et à moyenne distance, débouche sur une réduction des pollutions tout en contribuant à décongestionner les axes routiers. D'où le développement actuel dans le monde de réseaux de métro dans les grandes agglomérations (Shanghaï, Caracas) et de réseaux modernes de tramways et de bus dans des villes moins grosses, interconnectés aux autres transports collectifs et à l'automobile.

L'ESSOR DE MOBILITÉS DOUCES est possible aussi du fait que la moitié des trajets quotidiens ne dépasse pas 5 km. Tradition aux Pays-Bas ou au Danemark, l'usage du vélo et la marche à pied se propagent dans les villes des pays développés (voies cyclables, parcs à vélos de location), alors qu'en Afrique ce sont les modes de base et qu'en Chine leur usage diminue. Cela dit, l'efficacité de ces politiques de transport est indissociable d'une politique d'urbanisme planifiant en cohérence l'aménagement de l'habitat, des lieux de travail et des réseaux de transport collectif (Europe rhénane).

LA PRÉPONDÉRANCE DE LA ROUTE (transport collectif impossible dans des zones peu denses) fait que le transport durable oblige à réduire soit la consommation énergétique des véhicules (allègement, motorisations moins consommatrices d'hydrocarbures, biocarburants, routes HQE, fiscalité différenciée), soit l'utilisation du véhicule particulier (covoiturage, péage urbain).

UN PÔLE D'ÉCHANGES

Deux axes ferroviaires se croisent sur deux niveaux séparés. Les transports urbains y sont interconnectés : ligne et station de métro, tramways et lignes de bus à dessertes rapprochées à la sortie de la gare, ainsi que de vastes parcs à vélos (saturés) et un parc-relais (en arrière). Ce nœud intermodal autorise des chaînes de transport collectif performantes et le délaissement de l'automobile.

DES POLITIQUES URBAINES VRAIMENT CONTRASTÉES

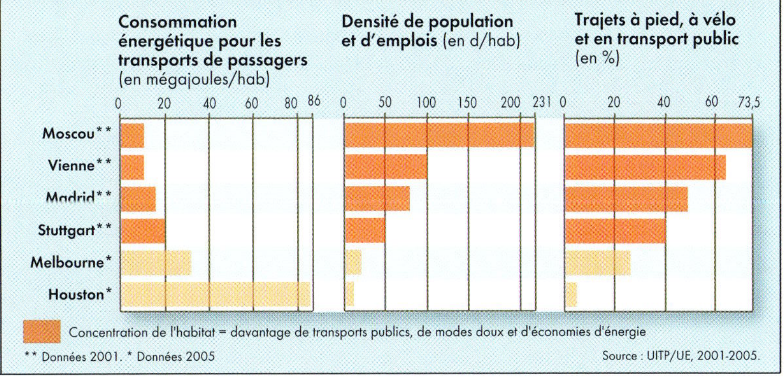

LES ENTREPRISES ENTRE POLITIQUE

La prise en compte du développement durable par les entreprises s'inscrit dans une démarche à long terme induisant l'adoption de nouveaux paradigmes comme la raréfaction des ressources environnementales ou encore la responsabilité sociale et environnementale des entreprises. Les menaces de l'interventionnisme étatique constituent aussi un puissant vecteur de changement en raison des pertes de profitabilité et de compétitivité. Si les cadres réglementaires s'étoffent dans le sens de règles minimales de prudence, il n'y a cependant pour l'heure aucune gestion normative sous contrainte, car les sanctions restent faibles.

D'abord la réduction des GES

Depuis 2008, les entreprises les plus vertueuses des pays industrialisés peuvent vendre leurs permis d'émission de gaz à effet de serre auprès des retardataires dans le cadre d'un « marché du CO_2 ». L'industrie n'est plus le premier secteur émetteur de GES en raison des efforts entrepris depuis plusieurs années. En revanche, la contribution des transports, du tertiaire et des activités résidentielles ne cesse de s'accroître.

LES ÉMISSIONS DE GES EN FRANCE PAR SECTEUR D'ACTIVITÉ

Répartition par secteurs

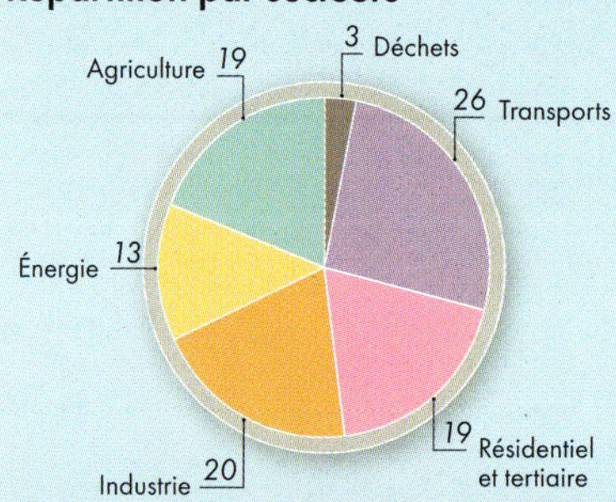

Évolution 1990-2005

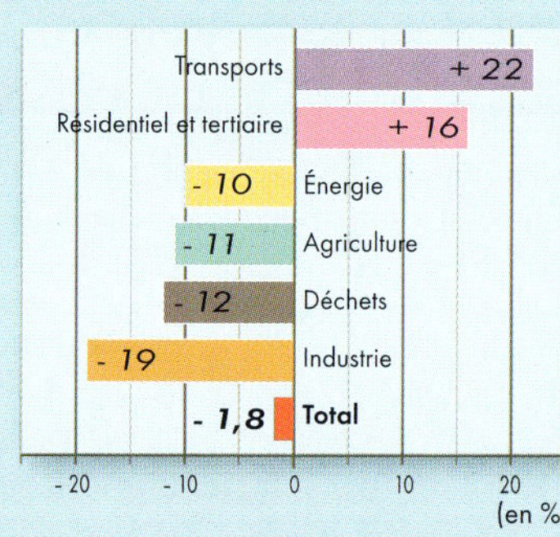

Source : MIES / CITEPA, 2007.

Les débouchés prometteurs du « business vert »

Le développement durable est désormais perçu comme une source de nouveaux marchés. En France, le Grenelle de l'environnement (25 et 26 octobre 2007) a identifié toute une série de secteurs d'activité qui devraient connaître une forte expansion : la rénovation du parc immobilier (30 millions de logements sont concernés et 100 000 emplois nouveaux escomptés) ; la modernisation des infrastructures de transport (augmentation du fret ferroviaire et construction de 2 000 km de lignes TGV) ; la diversification des sources d'énergie (éolien, solaire, etc.) ; la rénovation du parc automobile au profit de véhicules moins consommateurs et peu émetteurs de CO_2 ; l'agriculture biologique (passage de 2 à 20 % de la production nationale) ; les biocarburants ; ou encore la collecte, le traitement et le recyclage des déchets. Les nouveaux métiers susceptibles d'être créés à cette occasion sont d'autant plus intéressants qu'ils ne sont pas délocalisables puisqu'ils sont inscrits dans des logiques de proximité.

L'évolution des secteurs d'activité les plus polluants est aussi en marche, à l'instar de la chimie qui commence par exemple à investir dans des substituts renouvelables aux produits pétroliers (amidons de blé, de maïs, de pommes de terre, etc.), mais aussi dans des produits moins coûteux en énergie et visant à éliminer les risques sur la santé et l'environnement. Cependant l'abandon du pétrole par les groupes chimiques n'est pas pour demain.

L'APPROVISIONNEMENT DES MAGASINS MONOPRIX

Source : Monoprix.

Magasins Monoprix : le rail plutôt que le camionnage

Engagé depuis plusieurs années dans une démarche de développement durable sur laquelle il fonde sa nouvelle image de marque, le groupe Monoprix a mis en œuvre une politique originale. Depuis mars 2008, les 60 magasins Monoprix et Monop' de Paris *intra-muros* sont désormais approvisionnés par le fret ferroviaire (cinq trains de wagons par semaine jusqu'à la plateforme d'éclatement de la gare de Bercy) et non plus par camion : les 10 000 navettes économisées permettront selon les calculs une réduction annuelle des émissions de CO_2 de 280 tonnes et d'oxydes d'azote de 19 tonnes. L'acheminement des marchandises depuis la gare s'effectue par le biais d'une vingtaine de camions roulant au GNV (gaz naturel véhicules).

D'IMAGE ET ENGAGEMENT SINCÈRE ?

LE POSITIONNEMENT DIFFÉRENTIEL DES ENTREPRISES

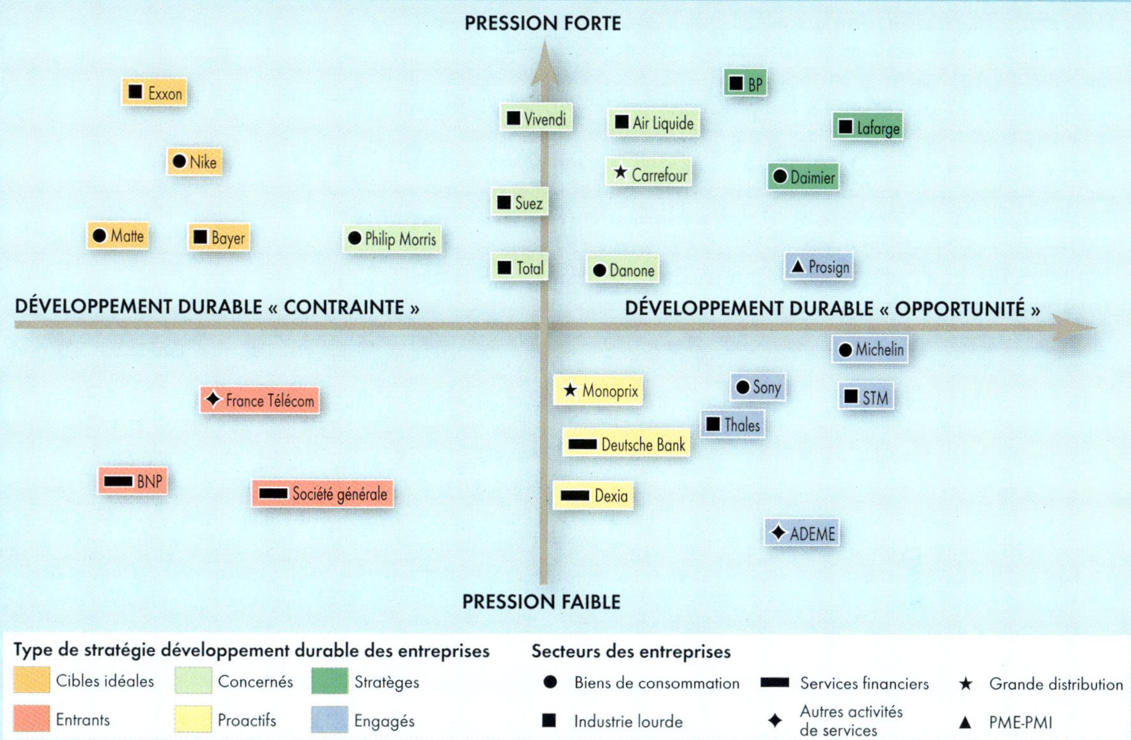

Source : *Entreprises et développement durable, impacts stratégiques*, Novethic, *in* A. Rablat « Les ressources huimaines : une des composantes du développement durable », mémoire IPAG, 2005.

Le développement durable est devenu clairement une opportunité pour nous, alors que cet objectif avait démarré comme une contrainte.

Bruno Laffont, P-DG du groupe cimentier Lafarge, *Les Échos*, 30 octobre 2007.

Le succès de la démarche dans les entreprises

Le développement durable rencontre son meilleur succès sur le front de l'autoréglementation des entreprises. Ainsi en va-t-il de la norme Iso 14001 (75 000 entreprises l'avaient adoptée dans le monde fin 2006, dont 17 000 pour le seul Japon et 2 500 pour la France). Ouverte aussi aux PMI-PME depuis 2004, elle donne un cadre général à leur action par la planification de leurs efforts en matière de spécifications techniques, de système de management ou encore de réduction des nuisances et de leurs impacts sur l'environnement. Les systèmes de notation sociale et environnementale des entreprises par des organismes spécialisés et indépendants (en France, Vigeo, Core Ratings et Innovest) rencontrent aussi un grand succès depuis le début des années 1990, même s'ils souffrent encore de certaines approximations. Ils sont notamment pris en compte par les organismes gestionnaires de fonds dits « d'investissements socialement responsables », qui peuvent ainsi mieux choisir les valeurs susceptibles d'entrer dans leur panel. Les grandes ONG environnementales connues pour leur engagement (WWF, Greenpeace International, Care, Rain Forest Action Network, Nature Conservancy, etc.) octroient également des formes de labellisation et de reconnaissance attestées par l'apposition de leur logo. En retour de tous ces efforts, les entreprises améliorent leur image en passant pour plus vertueuses et citoyennes, tout en améliorant leur maîtrise des coûts (économies d'énergie, recyclage, etc.).

Mais cette tendance favorable ne doit pas cacher l'indifférence encore forte d'un grand nombre d'entreprises (notamment parmi les PMI-PME des pays industrialisés et les firmes des pays en développement), en raison de la compatibilité délicate entre rentabilité, compétitivité, maintien de la croissance, réduction du CO_2 et préservation des ressources naturelles.

L'AGRICULTURE BIOLOGIQUE DANS LE

Deux formes bien différentes d'agricultures biologiques doivent être distinguées. Celles qui sont certifiées comme telles et bénéficient de logotypes : « Organic », « Bio » ou « AB » (Agriculture biologique) ; celles qui sont le fait d'agriculteurs parmi les plus pauvres de la planète : faute d'accès à des intrants d'origine industrielle, ils ne peuvent pratiquer que des agricultures « biologiques ». C'est parmi ces derniers que se recrutent en majorité les 850 millions de personnes en situation de sous-alimentation chronique. Toutes les statistiques utilisées ici ne portent que sur les agricultures certifiées, selon des procédures d'ailleurs diverses d'un pays à l'autre.

Une très faible surface

L'agriculture biologique a été pratiquée sur 31 millions d'hectares en 2007, ce qui correspond à seulement 0,75 % des superficies agricoles mondiales. La demande de produits « bio » est pourtant dynamique en Europe et en Amérique du Nord, surtout dans les catégories sociales aisées. Ceci explique qu'entre 2004 et 2007 les superficies en agriculture biologique aient progressé de 500 000 ha, aussi bien en Europe qu'en Amérique du Nord.

La bonne image des produits « bio »

L'opinion associe aux produits « bio » les notions de pureté, de qualité nutritionnelle et gustative, de préservation de la santé, de maintien de savoir-faire traditionnels... Elle apprécie le fait que l'agriculture biologique soit soucieuse du bien-être animal, de la préservation de l'environnement, etc., appréciations toutes justifiées. Dans la réalité, il est le plus souvent impossible de faire la différence entre un produit « bio » et un produit issu d'une agriculture conventionnelle conduite de façon raisonnée. En outre, certains produits phytosanitaires que s'autorise l'agriculture biologique (sulfate de cuivre, roténone) ne sont pas neutres vis-à-vis de l'environnement alors que l'absence de traitements adaptés peut être à l'origine du développement de mycotoxines cancérigènes. Quant au désherbage mécanique plutôt que par des herbicides, il a pour inconvénient d'accroître passages d'engins et consommation de carburants.

PAYS CONSACRANT PLUS DE 1 % DE LEURS SURFACES AGRICOLES À L'AGRICULTURE BIOLOGIQUE CERTIFIÉE

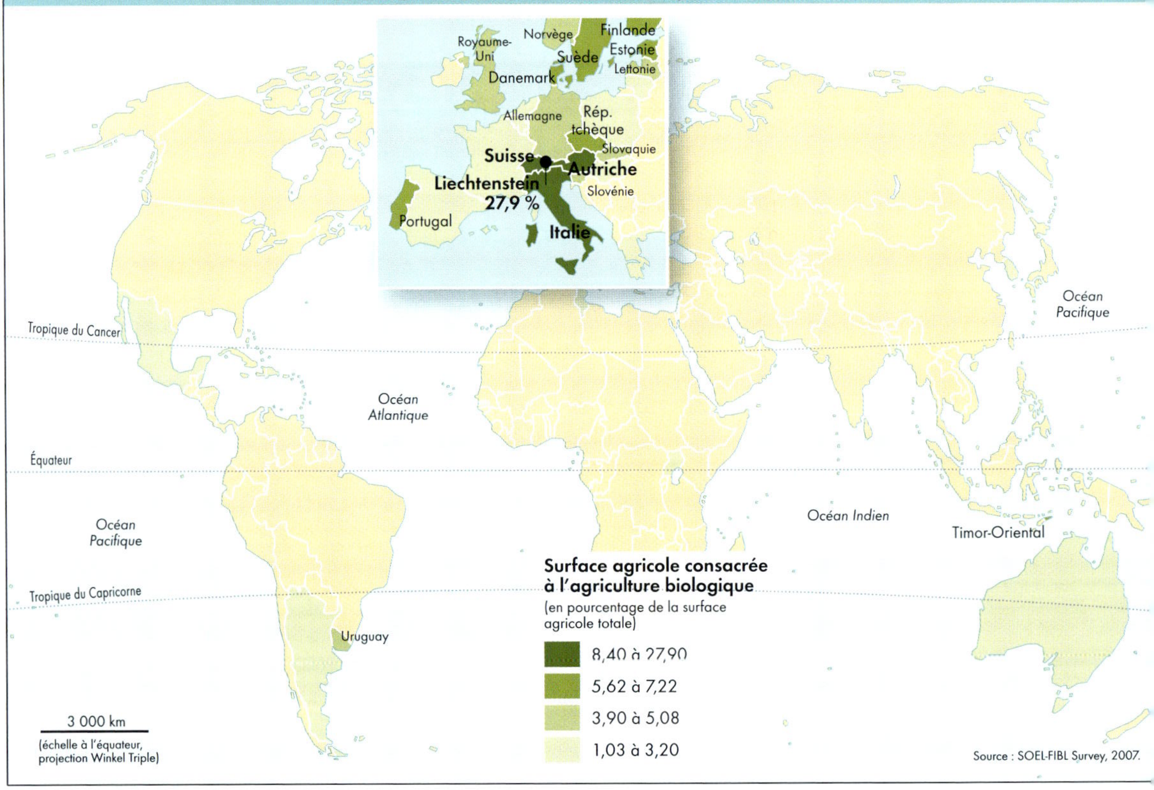

Source : SOEL-FIBL Survey, 2007.

MONDE : UTOPIE OU RÉVOLUTION ?

PAYS POSSÉDANT PLUS DE 1 000 EXPLOITATIONS PRATIQUANT UNE AGRICULTURE BIOLOGIQUE CERTIFIÉE

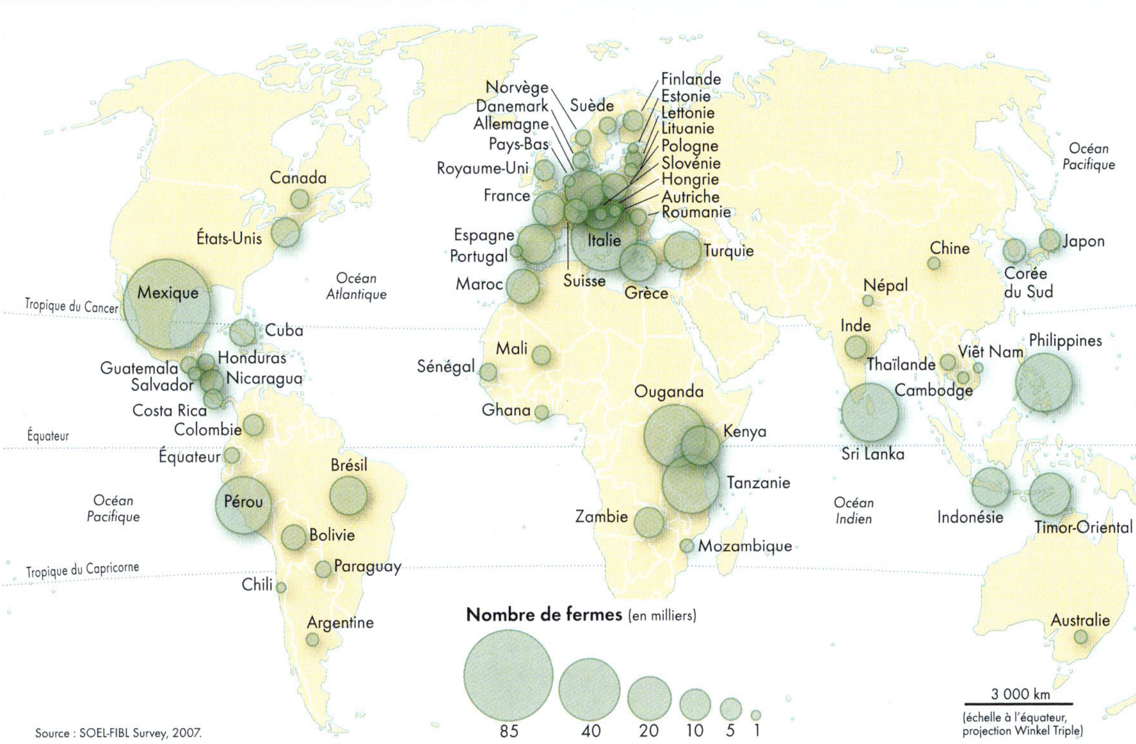

Source : SOEL-FIBL Survey, 2007.

La très grande disparité des exploitations « bio »

L'Australie (11,8 millions d'ha) et l'Argentine (3,1 millions d'ha) cumulent près de la moitié des surfaces agricoles mondiales gérées en « bio ». Il s'agit surtout d'élevages ovins et bovins très extensifs, d'où une taille moyenne des exploitations « bio » très grande (6 300 ha en Australie, 1 800 ha en Argentine). Même dans l'Union européenne, où l'agriculture biologique occupe 4 % des superficies agricoles et où les systèmes « bio » sont beaucoup plus variés, la taille moyenne de l'exploitation (39 ha) correspond au double de la moyenne de l'ensemble des exploitations. L'image véhiculée par les écologistes de la petite exploitation paysanne traditionnelle sauvée par le « bio » est donc à nuancer. Aux États-Unis, la taille moyenne de l'exploitation « bio » est de… 190 hectares, avec des exploitations bien plus grandes en Californie où elles bénéficient d'une main-d'œuvre immigrée à bas prix.

Les pays qui font le plus de place à l'agriculture biologique dans leurs superficies peuvent le faire pour des raisons culturelles, comme l'Allemagne ou les pays scandinaves, mais aussi parce qu'ils sont riches : 11 % des terres agricoles en Suisse, 14 % en Autriche, 28 % au Liechtenstein. En France, ce chiffre n'est que de 2 %, au Royaume-Uni de 4 %, en Allemagne de 5 %.

Les deux pays comptant le plus grand nombre d'exploitations « bio » sont le Mexique (83 000) et l'Italie (près de 45 000), où la main-d'œuvre nécessaire est abondante, grâce aux flux de migrants légaux et illégaux.

L'agriculture biologique est souvent parée de toutes les vertus. En fait, elle ne les possède pas toutes et elle ne peut participer que de façon marginale à l'alimentation des hommes. ❞

Et pour nourrir la planète ?

Le marché des produits « bio » est aujourd'hui en expansion et devrait le rester. Il y a toutefois un risque que le différentiel de prix par rapport aux produits de l'agriculture conventionnelle (40 % en moyenne) ne s'érode en cas de surproduction et ne permette plus de rémunérer les efforts consentis par les agriculteurs « bio ».

Quant à la capacité de l'agriculture biologique à nourrir la planète en se substituant aux agricultures conventionnelles, on aura compris que l'on a là un discours idéologique sans fondement scientifique : comment pourrait-il en être ainsi avec une agriculture qui présente des rendements nettement inférieurs (d'au moins un tiers et parfois davantage) à ceux des agricultures conventionnelles alors que, depuis bientôt trois décennies, l'indispensable progression de la production alimentaire mondiale a essentiellement reposé, à raison de plus de 90 %, sur une progression continue des rendements par hectare ?

LES VILLES DES PAYS EN DÉVELOPPEME

Les pays en voie de développement (PED), ou pays des Suds, rassemblent 35 sur 50 des agglomérations de 5 millions d'habitants et plus. Leur empreinte écologique, calculée par habitant, reste faible (moins d'émission de GES, moindre consommation d'eau, moins de déchets par habitant), mais elle s'accroît avec le développement économique. Et l'ONU note en 2006 une aggravation inquiétante de la pauvreté urbaine et des inégalités se traduisant par de fortes injustices : relégation des quartiers de misère dans des zones de vulnérabilité (inondations, éboulements, zones industrielles polluées) et, surtout, accès inéquitable aux services essentiels (eau, assainissement).

L'urbanisation des littoraux

C'est sur les littoraux, propices aux échanges, que se développent les mégalopoles des Suds où s'imbriquent grosses agglomérations, villes moyennes, espaces périurbains et axes de transports. La pression urbaine incontrôlée y menace des écosystèmes fragiles : ainsi, en Chine, entre Canton et Hong Kong, le delta de la rivière des perles (50 millions d'habitants) ou dans le golfe de Guinée, entre Lagos et Abidjan.

L'eau et les déchets, révélateurs des inégalités

Le prix de l'eau en ville, qui permet de payer son épuration, en fait une ressource socialement sélective. La consommation varie de 20 l/personne/jour pour les ménages pauvres des quartiers non raccordés aux réseaux, achetant l'eau « au détail », par seau, à 300 l/ personne/jour ou plus dans les quartiers aisés (volumes équivalents voire supérieurs au standard européen).

En matière de déchets, les quartiers pauvres en produisent moins de 0,5 kg/personne/jour. Il s'agit des débris alimentaires organiques putrescibles et des résidus de balayage (particules et sable, cendres du foyer). Les emballages représentent moins de 25 % et sont produits par les quartiers aisés. À Cotonou (Bénin), les quartiers aisés produisent huit fois plus de déchets par tête que les zones populaires.

L'APPROVISIONNEMENT EN EAU DE MEXICO

L'ACCÈS INÉQUITABLE À L'EAU POTABLE À MEXICO

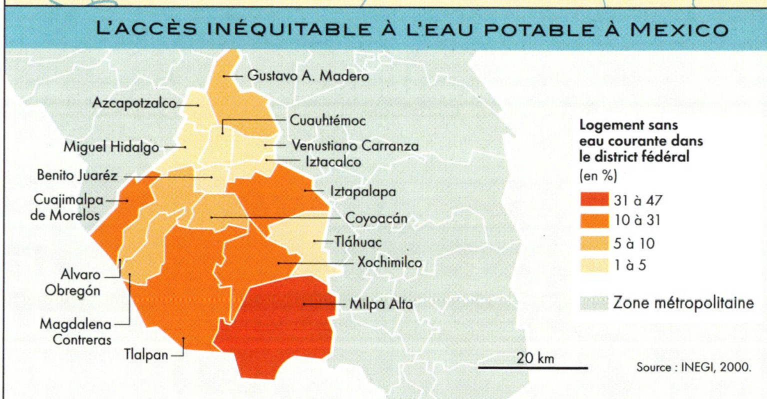

NT : LE GRAND DÉFI

LE TRANSFERT D'EAU DU LAC DE GUIERS À DAKAR (SÉNÉGAL)

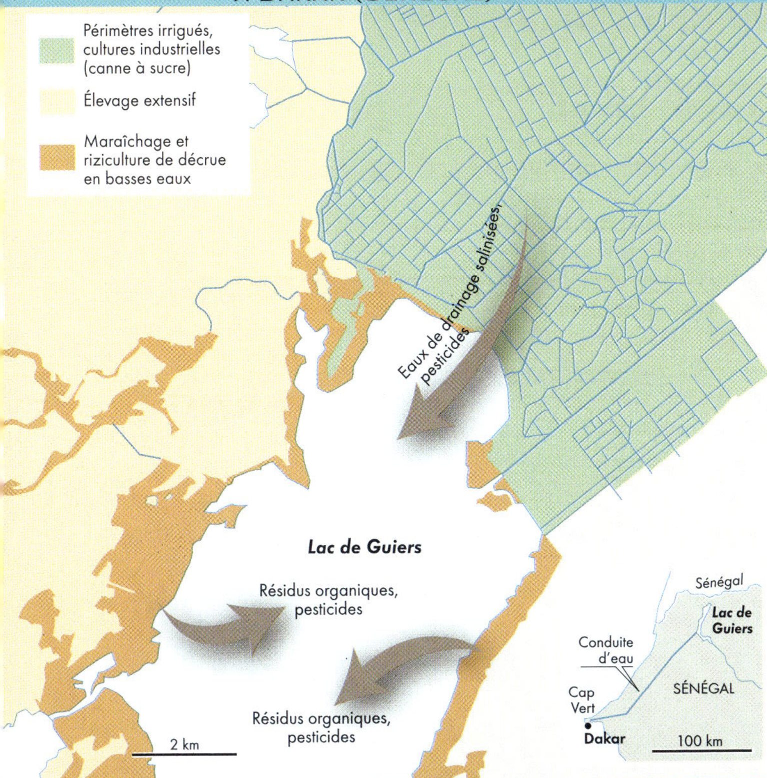

> *La détérioration environnementale des villes des pays en voie de développement provient de l'insuffisance des politiques publiques de planification, logement, gestion de l'eau et redistributions sociales.* »

Les mégapoles en milieu semi-aride : le cas de Dakar

Dakar (2,5 millions d'habitants) est situé en milieu sahélien, sur la presqu'île sableuse du cap Vert. Les forages ont été multipliés jusqu'à 60 km de la ville, ce qui a entraîné une baisse du niveau des nappes, facilitant les intrusions souterraines d'eau salée marine. L'alimentation en eau de Dakar est assurée jusqu'en 2012 par des pompages à 300 km de Dakar, dans le lac de Guiers, alimenté par le fleuve Sénégal. Mais les aménagements hydro-agricoles du fleuve et les multiples usages du lac de Guiers peuvent devenir incompatibles avec la fourniture d'eau potable pour Dakar car au pastoralisme, à la riziculture et au maraîchage pratiqués sur les berges à la décrue s'ajoute l'agro-industrie irriguée intensive, aux rejets nombreux. Des villages riverains, dénués d'assainissement, contribuent à la pollution des eaux. Un Office de gestion des eaux du lac de Guiers est enfin créé depuis 2008.

La course à l'eau à Mexico

L'augmentation de la demande en eau de Mexico (20 millions d'habitants) conduit à une extrême surexploitation des aquifères de sa haute vallée. Par an, leur niveau baisse de 1 mètre. Un tiers des besoins de la capitale sont fournis par des bassins fluviaux extérieurs : 13 % des ressources en eau du bassin du Lerma y sont transférées. Aujourd'hui, 20 % de l'eau consommée à Mexico est prélevée à plus de 100 km, dans les barrages du haut Cutzamala (bassin du Rio Balsas). Un système technique sophistiqué traite l'eau sur place et lui fait remonter 1 200 m de dénivelé pour alimenter Mexico par aqueduc. La concurrence est vive entre usages urbains et agricoles. Les besoins en eau d'autres villes satellites de Mexico sont aussi croissants (Toluca). La mégapole manque souvent d'eau à la fin de la saison sèche. La pérennité de l'approvisionnement passe par une baisse des gaspillages et une réutilisation des eaux usées urbaines pour l'irrigation.

LES LATRINES SUR PILOTIS À COTONOU (BÉNIN)

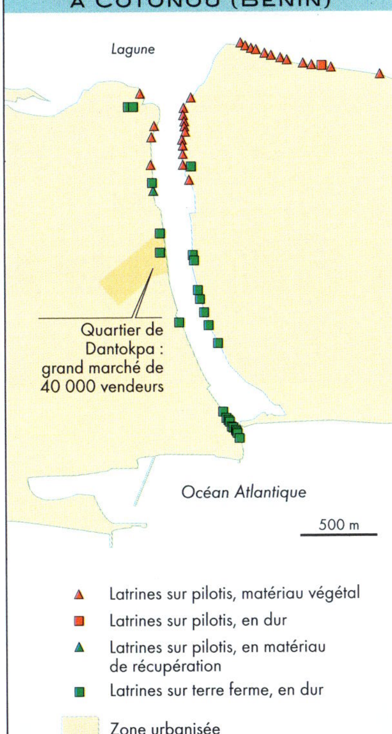

Source : G. Bouvier, L. Chevalier, *Enquête de terrain*, 2003.

Effluents fécaux et santé

Dans les zones très pauvres et denses, les ménages n'ont pas de toilettes et l'exploitation de latrines publiques payantes devient rentable. Lorsqu'il est impossible de creuser des fosses, comme dans les espaces lagunaires (Lagos, Cotonou), le rejet des effluents fécaux s'effectue sans contrôle public, sur les zones humides, près des habitations précaires, mal desservies en eau potable. Le risque de contamination est élevé (typhoïde, choléra).

VILLES DURABLES EN EUROPE : AVANTA

Qu'est-ce qu'une ville durable ? C'est avant tout une ville dont le développement ne se fait pas aux dépens d'autres régions et populations (travailleurs précaires au Nord et au Sud, générations futures, espèces vivantes). La nécessité de prendre en compte les impacts environnementaux et sociaux négatifs du développement urbain conduit à rechercher un développement plus économe d'espaces et de ressources, moins dépendant des énergies fossiles et plus redistributif. En 1994, la conférence d'Aalborg, au Danemark, a inauguré un réseau de villes durables appuyé par la Commission européenne, qui a ouvert la voie à une réforme des politiques urbaines.

La campagne des villes européennes durables

La ratification de la charte d'Aalborg en conseil municipal, complétée dix ans plus tard par les engagements d'Aalborg, est la seule condition pour devenir membre de la campagne des villes européennes durables. Cette charte insiste sur le potentiel, la responsabilité et le pouvoir des villes d'ouvrir de nouvelles voies de développement durable.

Quelles villes en Europe ? Aux côtés de quelques villes scandinaves, les villes britanniques, sensibilisées par une campagne nationale d'agendas 21 locaux, sont parmi les premières à investir le réseau. La dynamique des collectivités italiennes et espagnoles résulte de la sensibilisation opérée par la coordination des agendas 21 locaux italiens, créée par un responsable municipal de Modène, et le réseau catalan des villes durables, piloté par la Deputación de Barcelone. Ces initiatives ont déclenché une émulation nationale. Les communes espagnoles et italiennes ont voulu se positionner dans l'espace européen, rattraper les pays nordiques et bénéficier des programmes d'appui à l'innovation. À l'Est, l'adhésion a été motivée par un espoir de remise à niveau environnementale. La campagne des villes européennes durables a cherché à mobiliser les collectivités d'Europe centrale et orientale, et celles du bassin méditerranéen, en organisant des conférences internationales décentralisées. Elle s'est appuyée sur des organisations relais comme le Forum des villes adriatiques et ioniennes ou l'Union des villes baltiques.

Quels résultats ? Les avancées sont dans quatre directions : les politiques climatiques, l'écoconstruction, les agendas 21 locaux et les prémices, d'une part, d'une gestion économe de l'espace face à une puissante détente spatiale des agglomérations, d'autre part, de la réduction du trafic routier urbain. Des idées, des leviers d'action, des échecs, des réalisations ont été expérimentés, donnant corps à des pratiques constitutives d'un urbanisme durable.

NOMBRE DE COLLECTIVITÉS TERRITORIALES EUROPÉENNES ADHÉRENTES

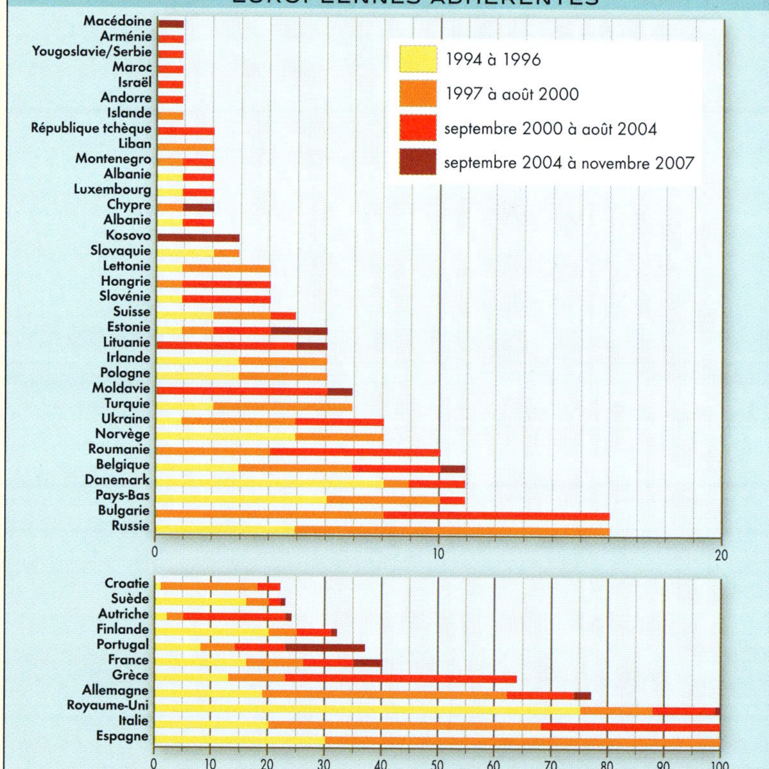

LA PROGRESSIO[N] DES VILLES EURO[PÉENNES]

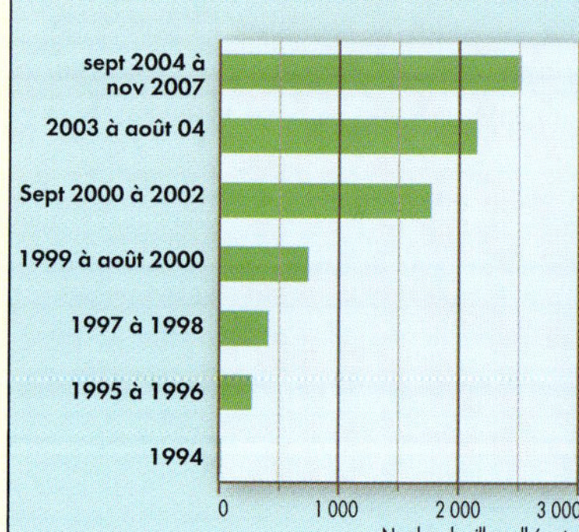

GES ET LIMITES DE LA MISE EN RÉSEAU

QUELQUES RÉSEAUX DE VILLES POUR LA PROTECTION CLIMAT

LES VILLES ET LA RÉDUCTION DE CO_2

Les premiers plans de réduction du CO_2 urbain, impulsés en 1991 par ICLEI, les « Gouvernements locaux pour la durabilité », voient le jour au milieu des années 1990, principalement en Europe du Nord. La démarche s'étend grâce à l'appui de réseaux de villes internationaux et nationaux. Les villes tentent de réduire leurs émissions de CO_2 en jouant sur plusieurs volets : maîtrise de la demande énergétique, développement des énergies renouvelables et de la cogénération, écoconstruction, politiques de mobilité. On peut considérer que les politiques climatiques sont des politiques environnementales et de solidarité avec les populations les plus exposées aux effets du changement climatique. Les plans Climat – élaborés dans les années 2000 en France, en Espagne ou au Royaume-Uni – reprennent les mêmes objectifs en intégrant des mesures d'adaptation au changement climatique en ce qui concerne la canicule, les inondations ou les économies d'eau.

Des politiques exemplaires : Stockholm et Växjö en Suède

Stockholm et Vaxjö ont réussi à réduire leurs émissions de CO_2 de 25 % en dix ans. Ce résultat est dû à un large développement de la bioénergie pour le chauffage et les transports (dont les déchets bois et la méthanisation des déchets et eaux usées), à l'extension des réseaux de chaleur et à une maîtrise du trafic urbain. En 1996, la ville deVaxjö adopte un programme de sortie des énergies fossiles, une idée qui ouvre la voie aux recherches sur des villes « post-carbone ».

Les énergies renouvelables représentent plus de la moitié de la consommation énergétique de la ville (électricité, chauffage, transports). De 1993 à 2003, les émissions de CO_2 par habitant ont diminué de 4 600 à 3 700 tonnes par an, dont 2 700 tonnes sont désormais dues aux transports. Les émissions pour le chauffage ont décru de 60 % tandis que la part des transports a augmenté de 20 %. La politique de Växjö s'est donc réorientée vers la maîtrise de la mobilité routière.

DE LA CAMPAGNE ÉENNES DURABLES

UN ÉCHANGE D'EXPÉRIENCES

La campagne a connu un essor continu. Les villes adhérentes ne sont pas toutes actives, d'autres sont des villes pilotes. Ce réseau de villes permet un échange d'expériences et crée un effet d'entraînement. Il réunit en 2008 plus de 2 500 collectivités territoriales de toute taille, dont les trois quarts sont des collectivités espagnoles et italiennes qui ont adhéré massivement à partir de 1999.

> ***À moins que l'idéal ne protège la ville, c'est en vain que sa police, son armée, ses cuirassés et généralement ses gardiens, la gardent.***
>
> PATRICK GEDDES, *L'ÉVOLUTION DES VILLES*, TEMENOS, 1915.

Quelles limites ?

La plupart des villes engagées dans une démarche de développement durable ne peuvent faire état que d'avancées partielles, ne trouvant pas la force de mettre en cohérence leurs politiques, ce qui nécessite autant de courage politique que de capacité à travailler en transversalité. La durabilité suppose de nombreux apprentissages, qui s'apprécient plus par les dynamiques enclenchées que par des résultats qui ne sont pas souvent immédiats.

QUARTIERS DURABLES ET HABITAT DURABL

Les acteurs du développement urbain, les politiques, les architectes, les urbanistes, confrontés au défi du réchauffement climatique, inscrivent de plus en plus leur démarche dans un cadre de pensée nouveau, celui de la ville durable, comme il est dit dans la double page précédente. Cela se concrétise notamment par des projets urbains d'un genre nouveau, les écoquartiers, dans lesquels les citoyens-habitants eux-mêmes se mobilisent parfois à l'occasion de certains projets : ces écoquartiers explorent un nouveau mode de faire la ville, aussi bien sur le plan technique que sur le plan social.

Des quartiers expérimentaux

BedZED à Beddington au sud de Londres, Vauban à Fribourg, Kronsberg à Hanovre, EVA Lanxmer à Culemborg aux Pays-Bas, Bo 01 à Malmö en Suède : les nombreux exemples européens démontrent la faisabilité technique des écoquartiers. D'une expérience à l'autre, des caractéristiques communes se dégagent et les approches convergent autour de la question de l'habitat durable : économie d'énergie, utilisation d'énergie renouvelable (solaire, éolien), meilleur bilan carbone, promotion des modes de déplacement doux (vélo), limitation stricte de l'usage de l'automobile, traitement alternatif de l'eau et gestion différenciée des eaux usées et de l'eau pluviale, gestion des déchets par tri sélectif et recyclage, mobilisation citoyenne et participation des habitants, voire promotion de l'autoconstruction.

Ces expériences, qui tirent leur légitimité de leur caractère pilote, sont aussi un outil de communication pour les villes concernées, qui affichent la dimension « manifeste » à ces projets proposés comme modèles. BedZED (ZED pour Zero Energy Development) a été développé par l'architecte Bill Dunster et la ZED Factory ltd., cabinet d'architecture spécialisé dans les projets à faible émission de carbone. BedZED lui sert de vitrine internationale : aujourd'hui, un projet est en cours au Portugal. Une ONG, Bio-Regional Development Group, a été associée, notamment pour en promouvoir le concept.

LES ÉCOQUARTIERS MANIFESTES EN EUROPE

Les écoquartiers en France

En France, des projets sont annoncés, le concept d'écoquartier se diffuse avec un peu de retard par rapport aux projets « manifestes » des pays d'Europe du Nord et d'Allemagne. La charte d'Aalborg pour le développement urbain durable date de 1994 mais les villes françaises se saisissent aujourd'hui de ce type de démarche : Saint-Priest, près de Lyon, les Batignolles à Paris, le Raquet à Douai, Le Havre, Châlons-sur-Saône, l'Union entre Roubaix et Tourcoing, sans parler des villes, qui comme Lille, ont renforcé le volet durable du cahier des charges pour les nouvelles opérations… Le mouvement s'amplifie et, par ailleurs, les normes HQE (haute qualité environnementale) sont déjà mises en œuvre pour des réalisations récentes, même si, jusqu'à une date récente, les constructions HQE ne sont pas intégrées dans de véritables écoquartiers.

E : MODÈLES OU ENCLAVES ÉCOLOGIQUES ?

La question du renouvellement urbain

Le caractère pilote des opérations de création d'écoquartiers en précise aussi les limites : elles représentent encore peu de choses dans l'ensemble de la production urbaine. Elles ne doivent pas masquer l'ampleur des enjeux en matière de requalification énergétique des logements existants, dans l'émergence d'une nouvelle culture technique dans les modes de faire la ville ou dans la question de la gestion des mobilités dans la ville, très consommatrices d'énergie.

C'est la question du renouvellement urbain qui est posée. S'agit-il d'un effet de mode ou de l'émergence d'un nouveau modèle, qui se substituerait aux modèles hygiéniste et fonctionnaliste qui s'étaient imposés vers la fin du XIXe siècle et l'essentiel du XXe ? Ainsi la séparation des fonctions entre zones industrielles, zones d'habitat et zones « vertes » est aujourd'hui remise en cause par la mixité fonctionnelle ; à la ville diffuse s'oppose le modèle de la ville compacte ; ou encore des modes de gestion de l'eau réinventés apportent des solutions alternatives au « tout réseau ». C'est un nouvel aspect du modèle de la ville postindustrielle qui émerge, même si l'évaluation reste à faire. Mais l'erreur serait de limiter le sujet aux aspects techniques, fussent-ils essentiels pour l'environnement. Ces nouveaux quartiers s'inscrivent aussi le plus souvent dans un projet social de mixité, de participation des habitants et de mobilisation citoyenne.

LE PLAN DU RAQUET À DOUAI

Ecoquartiers : la diffusion d'un nouveau modèle urbain ou un ghetto écologique ?

LES OBJECTIFS DU GRENELLE DE L'ENVIRONNEMENT EN MATIÈRE D'HABITAT

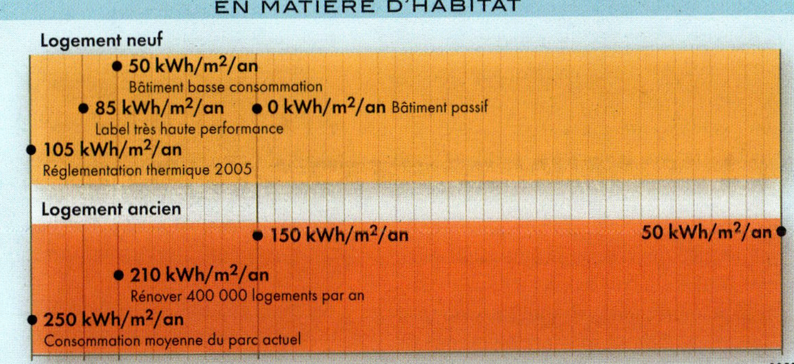

Source : « Les objectifs du Grenelle », *Le Monde*, 11 décembre 2007.

Construire durable

L'association HQE (Haute Qualité environnementale) possède l'usage exclusif des marques « HQE » et « Démarche HQE » en matière d'écoconstruction (relation des bâtiments à l'environnement, choix des procédés et produits, chantiers à faible nuisance), d'écogestion (énergie, eau, déchets, entretien), de confort et de santé (conditions sanitaires des espaces, qualité de l'air, de l'eau). Le Grenelle de l'environnement de 2007 a fixé des objectifs pour les quinze ans à venir. La réglementation de 2005 fixait le niveau moyen de consommation à 105 kWh par m²/an. D'ici à 2020, tous les logements devraient réduire leurs émissions de 20 %, économiser 20 % d'énergie et utiliser 20 % d'énergie renouvelable. Les nouvelles constructions devraient respecter la très haute performance énergétique en 2010, la basse consommation énergétique en 2012. En 2020, les nouveaux bâtiments devraient être à énergie passive ou positive.

L'ESPACE LITTORAL : L'AMBITION D'UNE

L'espace littoral, interface multiple entre terre et mer, nature et société, politique et pratique, est soumis à de très fortes pressions car l'espace y est restreint, mobile et convoité. Le principe du développement durable s'y inscrit dans la durée. Dès la fin des années 1960, aux États-Unis puis assez vite en Europe, il a été question de prendre en compte la globalité des zones côtières sous un angle politique et stratégique ne procédant pas exclusivement de raisons environnementales. La question de la protection et de la conservation des milieux naturels sensibles du littoral, une fois les principes politiques posés, n'a émergé que très progressivement.

La Gestion intégrée des zones côtières (GIZC)

La gestion intégrée des zones côtières (GIZC) peut se définir comme la déclinaison littorale des principes du développement durable. Il s'agit de créer des passerelles entre un niveau global-régulateur et un niveau local-moteur. Dans cet esprit, et pour répondre à une recommandation européenne de 2002 demandant à chaque État membre d'établir sa stratégie nationale de GIZC dans les 5 ans, l'Etat français a lancé en 2005 un appel à projet national «pour un développement équilibré des territoires littoraux par une GIZC». Il s'agissait de faire émaner des acteurs locaux des projets territoriaux qui viennent alimenter la stratégie nationale. Sur les 49 dossiers déposés, 25 ont pu être sélectionnés et soutenus par un financement incitatif. Face au succès de cette première opération, le Premier Ministère a annoncé en février 2008 un second appel à projets GIZC…

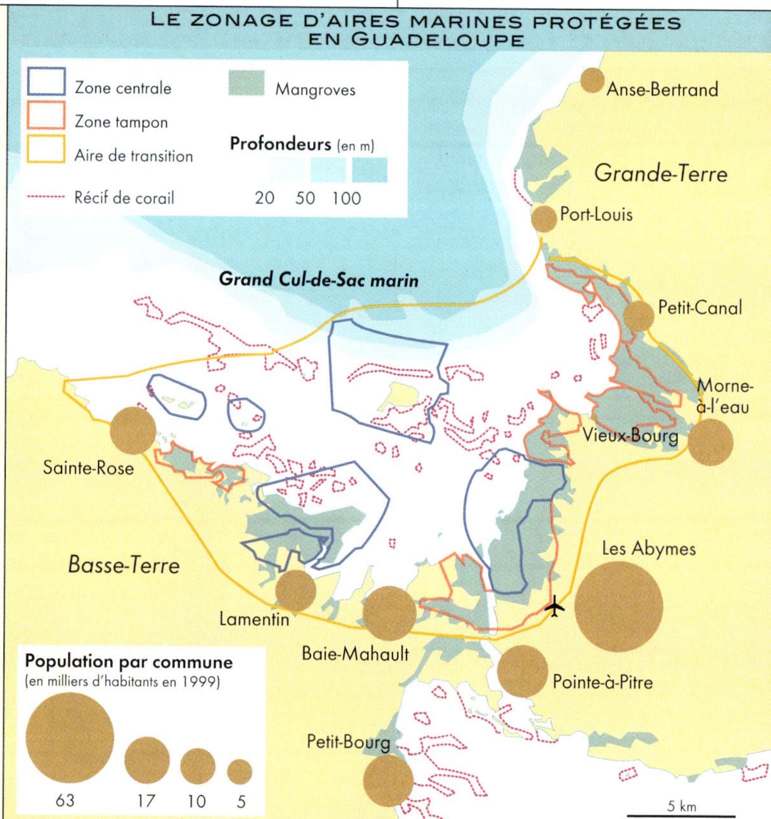

Le zonage, outil pour le développement durable

Le zonage transcende les milieux terrestres et marins. Le Grand Cul-de-Sac marin de Guadeloupe appartient à la réserve de biosphère qui couvre aussi une large partie de la masse volcanique de la Basse Terre. Ce vaste lagon de faible profondeur est séparé du large par une barrière corallienne : il contient quelques îlots que l'on entend protéger tout comme on entend ménager des formes plus ou moins légères d'exploitation des ressources marines.

Le principe du zonage est classique, délimitant une zone centrale où la fréquentation tolérée est limitée et contrôlée, une zone tampon plus ouverte à l'exploitation des ressources (pêche en particulier) et une zone de transition correspondant aux rives où la mangrove prospère encore. L'objectif est bien la protection des milieux caractéristiques de ces mers tropicales (coraux, mangroves), dans un contexte de forte pression des populations.

Les littoraux entre une logique de cueillette et un bétonnage excessif. Comment gérer ces milieux ?

GESTION INTÉGRÉE

Le développement durable des littoraux dans la durée

La dénonciation des méfaits d'une occupation déraisonnable de l'espace côtier et d'une exploitation sans limite des ressources de la mer s'est accompagnée de nombreuses critiques contre les dégradations affectant la zone côtière, telles les très spectaculaires marées noires, mais aussi les pollutions agricoles, urbaines et industrielles, la consommation de l'espace et la dégradation des paysages par l'extension de l'urbanisation et de l'industrie, l'appauvrissement des zones de pêche, etc.

L'émergence la plus spectaculaire du principe d'une gestion durable des zones côtières est scandée par les grandes conférences internationales pilotées par l'ONU. La réflexion a porté sur deux thèmes : un indicateur fondamental, la montée du niveau des mers, et un outil permettant d'aller vers le développement durable pour côtes et océans, la gestion intégrée des zones côtières (GIZC).

L'ÉLÉVATION PRÉVISIBLE DU NIVEAU MOYEN DES OCÉANS

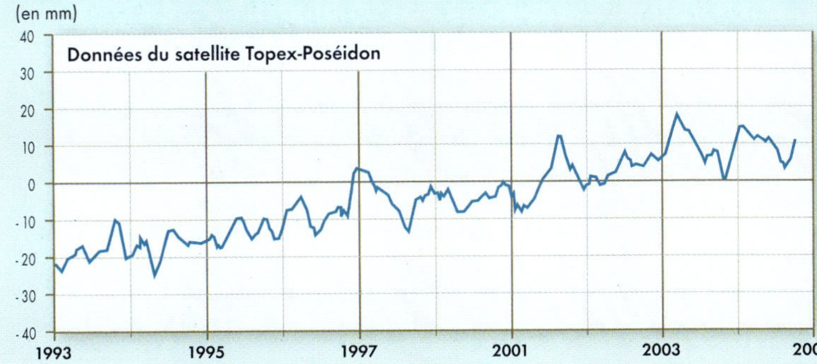

Source : www.legos.obs-mip.fr

Certitudes et incertitudes sur le niveau de la mer

On a, depuis 1880 environ, la certitude que le niveau de la mer se relève, plutôt lentement d'ailleurs et selon les lieux. La multiplication des marégraphes combinés aujourd'hui à l'usage des technologies spatiales (satellite Topex Poséidon) donne plus de sûreté au débat scientifique mais ne saurait le clore. Les projections futures restent aléatoires et, prudemment, le dernier rapport du Giec (bilan 2007) se contente de donner des fourchettes à partir de scénarios fondés sur les modalités du réchauffement climatique. Il précise que, si, de 1961 à 2003, la vitesse moyenne a été de 1,8 mm/an, une certaine accélération marque la dernière décennie (3,1 mm). Ces chiffres ne doivent être extrapolés qu'avec prudence : selon les scénarios, la fourchette pour 2100 varie de 18 cm à 59 cm. Autrement dit, chaque nouveau rapport tend actuellement à diminuer l'écart et ceci à la différence des projections des années 1980 qui donnaient, pour une élévation de 4,5° de la température globale, une submersion de l'ordre de 3,50 m. De quoi alarmer la communauté internationale, peut-être au bon sens du terme…

Il n'en reste pas moins que certains lieux sont plus menacés que d'autres. C'est à partir d'eux qu'il faudra gérer les territoires côtiers. Outre les inévitables conséquences en matière de progressive salinisation des terres, ce sont les zones deltaïques et certaines îles affleurantes qui sont les plus menacées.

La planification de la gestion doit proposer des solutions alternatives, optant, selon les cas, pour la résistance face au flot avec des solutions techniques et un fort engagement politique comme aux Pays-Bas avec le plan Delta (qui vaudrait sans doute pour le delta du Gange au Bangladesh), ou pour le retrait des terres les plus exposées comme on commence à le pratiquer au Royaume-Uni, en Allemagne, et même en France, où quelques opérations de dépoldérisation à finalité écologique ont été menées.

LES CONSÉQUENCES PRÉVISIBLES DE L'ÉLÉVATION DU NIVEAU DE LA MER AU BANGLADESH

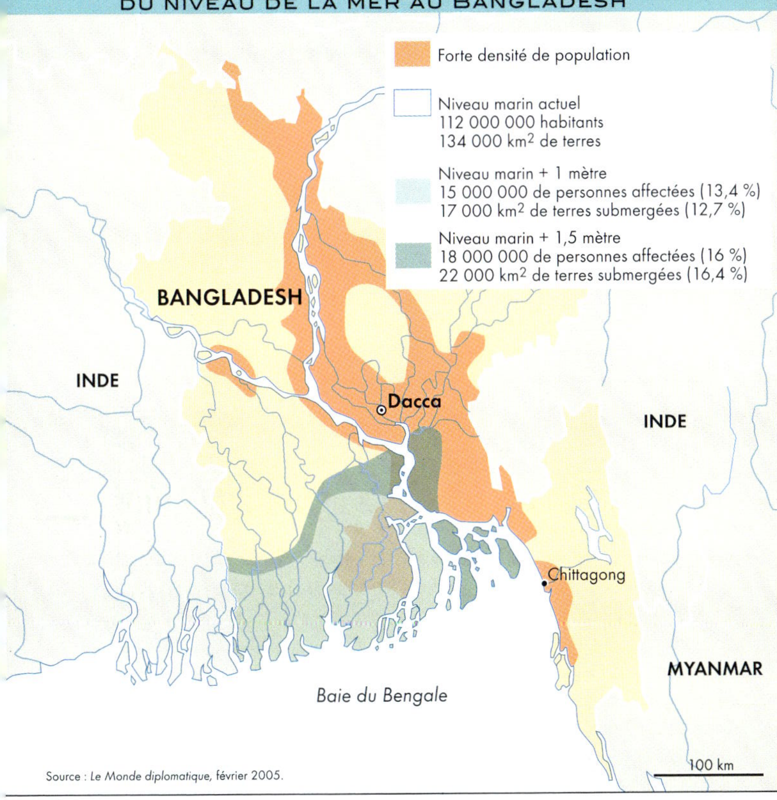

Source : *Le Monde diplomatique*, février 2005.

LE CHANGEMENT CLIMATIQUE : UNE STRA

La température moyenne de la planète a augmenté d'un peu moins d'1 °C depuis 1850, le début de l'ère industrielle. Ce réchauffement serait dû à l'amplification de l'effet de serre naturel par les activités humaines. Les industries et les transports rejettent chaque année des gaz à effet de serre (GES) dans l'air. Les GES, au nombre de 6, occupent moins de 0,1 % du volume atmosphérique. La vapeur d'eau est le GES le plus abondant (60 %), suivi du dioxyde de carbone CO_2 (26 %), de l'ozone O_3 (8 %), du méthane CH_4 et du protoxyde d'azote N_2O (6 %), des hydrofluorocarbones HFC, des perfluorocarbones PFC et de l'hexafluorure de soufre SF6.

LES ÉMISSIONS DE CO_2 DANS LE MONDE EN 2005

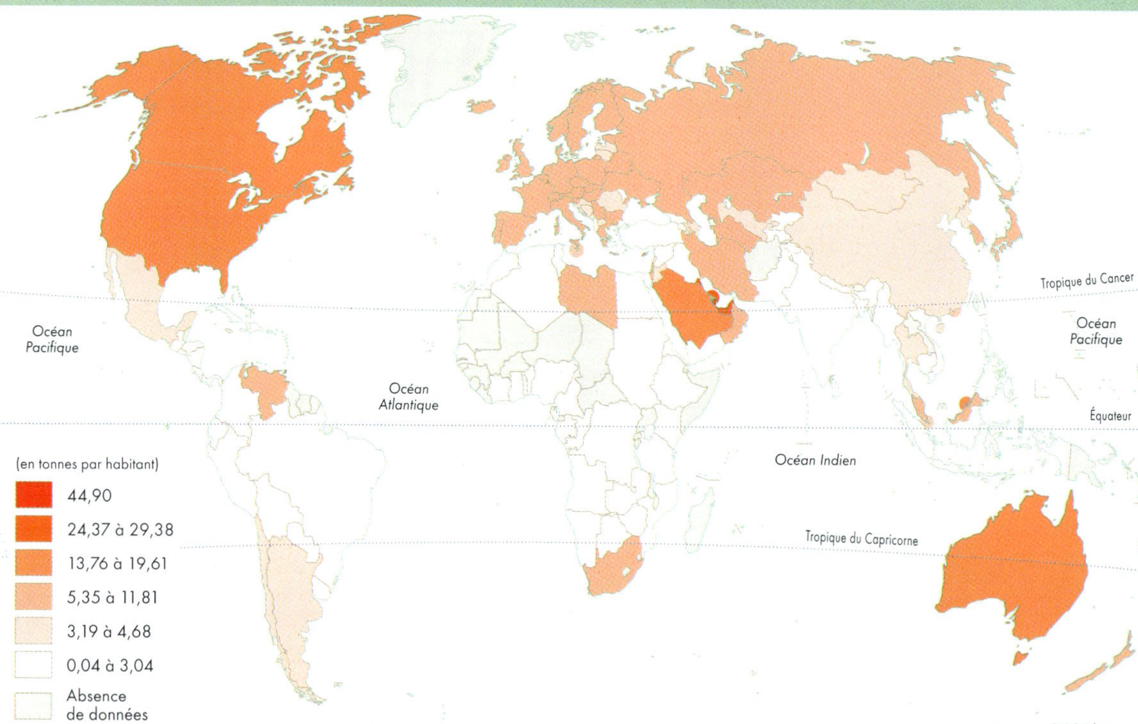

Source : Agence internationale de l'energie, *Key World Energy Statistics*, 2007 (www.iea.org).

La réduction mondiale des gaz à effet de serre

Le protocole de Kyoto, adopté en 1997, impose aux 38 pays les plus industrialisés de réduire d'au moins 5 % par rapport à 1990 leurs émissions de GES sur la période 2008-2012. Chaque pays est crédité d'une quantité attribuée (QA) d'émissions pour une année, qui est ensuite répartie sur les secteurs émetteurs : l'énergie (70 % des QA en Europe), l'industrie (25 %), les solvants, l'agriculture, les déchets, les changements d'utilisation des sols.

C'est avec la ratification par la Russie, début 2005, que le protocole de Kyoto est entré en vigueur puisqu'il fallait au moins 55 ratifications représentant 55 % des émissions de CO_2 en 1990. Les États-Unis et l'Australie ne l'ont pas ratifié. Depuis, le Canada a renoncé.

Trois instruments ont été mis en place : la mise en œuvre conjointe (MOC), qui permet de comptabiliser des projets de réduction des émissions dans les pays en transition ; les mécanismes de développement propre (MDP), qui concernent des investissements dans des pays en développement ; et les permis d'émissions négociables (PEN), qui se vendent ou s'achètent entre pays industrialisés sur un marché international, le « marché des quotas ». Les émissions de CO_2 par habitant sont en moyenne de 4 tonnes par an. L'objectif d'aide au développement grâce aux MDP a surtout bénéficié à la Chine, à l'Inde et au Brésil.

TÉGIE INTERNATIONALE D'ATTÉNUATION ?

Pas de réduction dans les pays hors protocole

Le protocole de Kyoto cherche à mettre en œuvre des mesures permettant de contenir l'ampleur du réchauffement. Si l'on ajoute aux États-Unis, à l'Australie et au Canada, la Chine et l'Inde, non concernées par le protocole jusqu'en 2012, il apparaît que l'ensemble des pays mettant en pratique le protocole émet moins de la moitié du total des GES. Compte tenu du fonctionnement du système planétaire, le climat évoluera nécessairement. Pour limiter à 2 °C le réchauffement de la planète d'ici à 2050, les modèles considèrent qu'il est indispensable de diviser par deux les émissions de GES. Le protocole de Kyoto fixait une diminution de 5,2 % pour la période 2008-2012. Sans les États-Unis et l'Australie, la diminution n'atteindra pas 3 % !

En conséquence, l'atténuation du changement climatique devra s'accompagner de politiques d'adaptation au changement aux échelles locales, régionales, nationales et internationales.

STATUT D'ADHÉSION AU PROTOCOLE DE KYOTO

Source : Nations unies, *Collection des traités* (untreaty.un.org).

L'ÉVOLUTION DES ÉMISSIONS DE CO_2 (1970-2005)

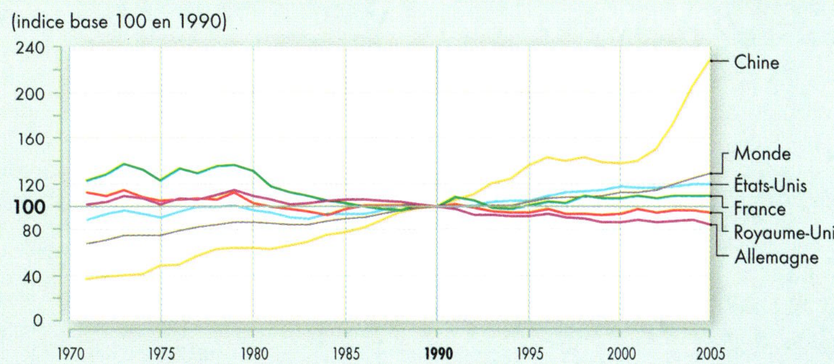

Sources : Observatoire de l'énergie, *Énergies et matières premières*, 2007 ; Agence internationale de l'énergie, 2007 (www.iea.org).

LES ÉMISSIONS DE CO_2 DANS QUELQUES PAYS

Source : Agence internationale de l'énergie, 2007 (www.iea.org).

Des engagements non tenus

LA HAUSSE EST DANS TOUS LES PAYS. Pratiquement aucun pays riche ne parvient à tenir ses engagements. Les émissions sont à la hausse partout dans le monde, sauf en moyenne dans l'Union européenne. Plusieurs raisons expliquent ce constat.

– D'une part, le prix de la tonne de CO_2 n'a guère été incitatif. En effet, alors qu'il s'élevait à 20 € en 2005, il a chuté début 2007 à moins de 1 €, l'offre étant largement supérieure à la demande. L'absence de report et une meilleure évaluation des émissions par secteur devraient garantir en 2008 le retour à un prix élevé.

– D'autre part, certains pays, même en Europe, ont privilégié le développement économique, si bien que leurs émissions par rapport à 1990 explosent (Irlande + 27 %, Espagne + 49 %, Portugal + 41 %, Grèce + 27 %).

LES ÉMISSIONS DE GES LIÉES À L'ÉLECTRICITÉ. En moyenne dans le monde, les émissions de GES liées à la production d'électricité augmentent de 30 % depuis 1990. En Chine par exemple, la production d'électricité à partir du charbon a plus que doublé pendant cette période. Grâce au nucléaire, la France affiche de bonnes performances en matière de production d'électricité. C'est désormais le secteur des transports – les transports aériens ne sont pas inclus dans le protocole, rappelons-le – qui y émet le plus de GES.

LES ZONES HUMIDES : LA VITRINE MANG

La convention de Ramsar ne peut s'appliquer uniformément à toutes les zones humides, tant ces espaces à l'interface de plusieurs écosystèmes sont complexes. Si leurs fonctions multiples – limitation de l'érosion, barrage contre les cyclones, recyclage des déchets, sanctuaires, nurseries et frayères pour de nombreuses espèces animales – justifient qu'elles soient reconnues d'importance internationale, leur statut de biens publics mondiaux prête à débat. Ainsi, les mangroves, vasières colonisées par des forêts de palétuviers, caractéristiques des littoraux tropicaux, sont l'objet de stratégies souvent antagoniques entre conversion à des fins monoproductivistes et conservation ou patrimonialisation.

La richesse des mangroves et leur diversité

Longtemps considérées comme des marais putrides et stériles, les mangroves cristallisent de nos jours de nombreux enjeux écologiques économiques, et politiques : outre leur fonction d'habitat refuge pour les oiseaux d'eau migrateurs – qui les a fait classer comme sites Ramsar –, elles subissent de nombreuses pressions, directes et indirectes, du fait de la croissance démographique et de l'urbanisation comme la conversion à des fins agricoles ou immobilières, la demande accrue en bois et charbon de bois, la pollution d'origine industrialo-portuaire, etc., mais aussi du développement des activités maritimes et littorales (pêche, navigation, tourisme, exploitation des hydrocarbures, etc.).

La diversité des valeurs et fonctions accordées à la mangrove selon le contexte géographique et historique et selon les acteurs – des ingénieurs physiocrates aux experts naturalistes, des administrateurs coloniaux aux lobbies protectionnistes, des communautés locales aux éleveurs de crevettes – démontrent qu'il y a autant de projets de territoire que de mangroves. D'évidence, la légitimité de la mise en patrimoine des mangroves et le partage juste et équitable des bénéfices tirés des services écologiques ne se posent pas dans les mêmes termes et avec autant d'acuité en Guyane ou en Nouvelle-Guinée, en Afrique de l'Ouest ou à Madagascar et en Asie.

La convention de Ramsar

La convention sur les zones humides, signée à Ramsar, en Iran, en 1971, est un traité intergouvernemental qui sert de cadre à l'action nationale et à la coopération internationale pour la conservation et l'utilisation rationnelle des zones humides et de leurs ressources. Actuellement, elle a 158 parties contractantes qui ont inscrit 1 755 zones humides, pour une superficie totale de 161 millions d'hectares.

LES USAGES MULTIPLES D'UN TERROIR DE MANGROVE EN CASAMANCE (SÉNÉGAL)

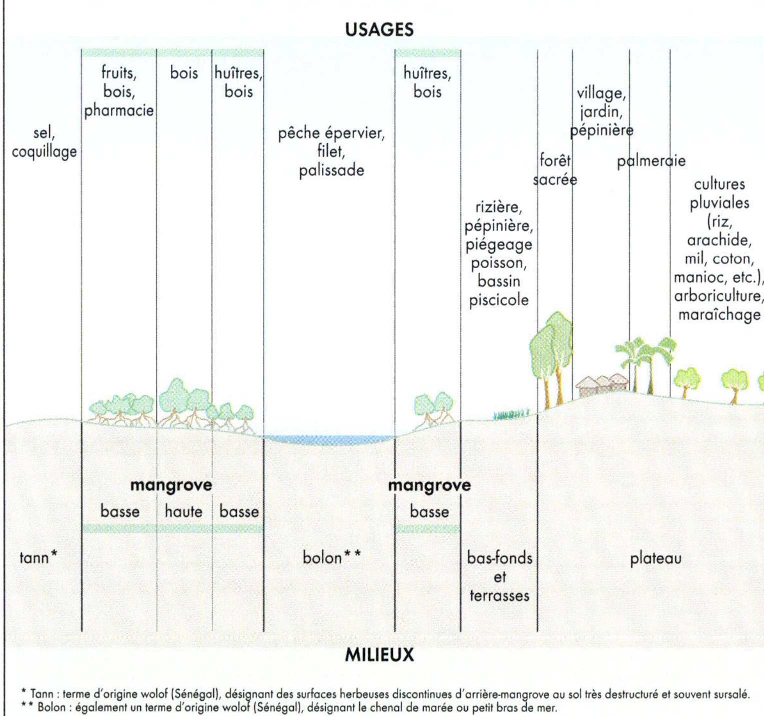

* Tann : terme d'origine wolof (Sénégal), désignant des surfaces herbeuses discontinues d'arrière-mangrove au sol très destructuré et souvent sursalé.
** Bolon : également un terme d'origine wolof (Sénégal), désignant le chenal de marée ou petit bras de mer.

Source : M.-C. Cormier-Salem (éd.), *Rivières du Sud. Sociétés et mangroves ouest-africaines*, IRD, Paris, 1999.

ROVE

LA SURVIE DES MANGROVES DANS LE MONDE

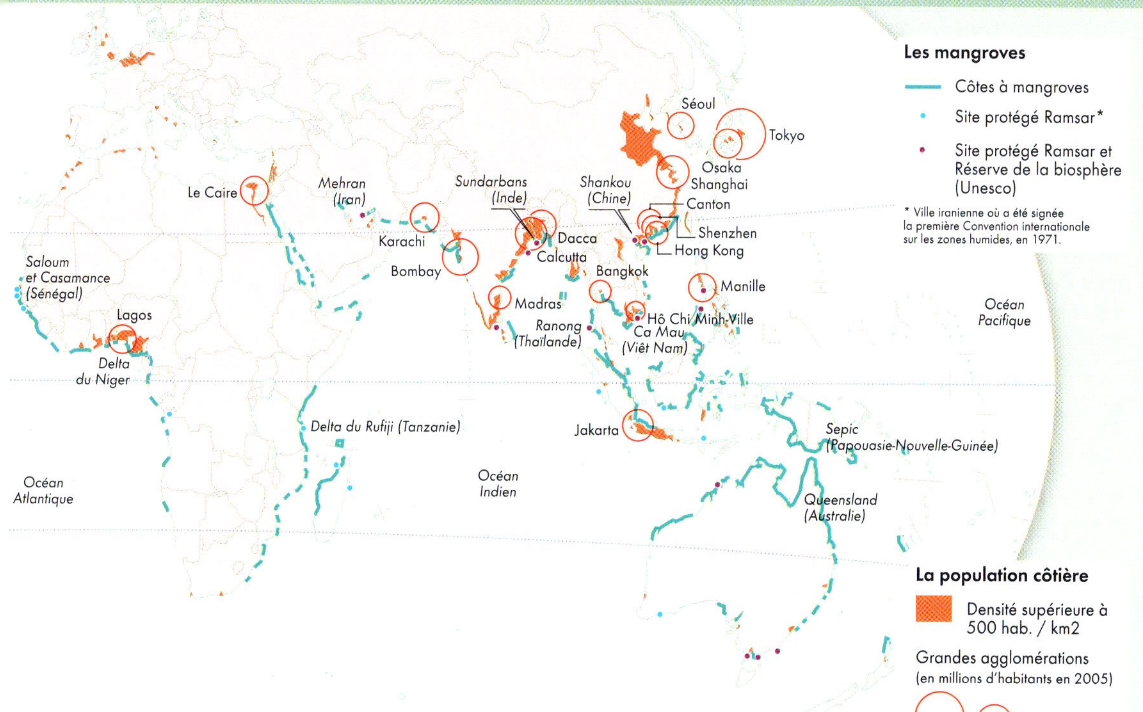

ources :
nesco, Programme sur l'homme et la biosphère (MAB) ;
onvention de Ramsar sur les zones humides (www.ramsar.org/indexfr.htm) ;
ations unies, *World Urbanization Prospect*, 2007 (www.un.org/esa/population/unpop.htm).

L'exploitation abusive des zones humides

Les usages de la mangrove peuvent être multiples, comme le montre la coupe ci-contre détaillant l'exploitation dans un terroir des rivières du Sud. Aux rizières endiguées, gagnées sur les zones inondables au moyen de techniques éprouvées (construction de digues et de drains, dessalement, labour profond) et qui constituent le pivot des systèmes d'exploitation, sont associées diverses activités de cueillette des fruits de la mangrove – poissons et coquillages, sel, bois, tanin, miel, etc.

Les mangroves sont menacées par l'intensification d'un seul usage comme le bois et le charbon de bois, ou la poldérisation liée à la croissance anarchique de nombreuses villes portuaires, comme l'illustrent, le long du golfe du Bénin, les grandes villes d'Accra, Lomé, Cotonou et Lagos. Quand les mangroves intra-urbaines ne subsistent qu'à l'état de lambeaux et servent souvent de dépotoirs, les mangroves péri-urbaines reculent face à l'avancée continue du front d'urbanisation.

Enfin, les mangroves connaissent un recul accéléré par la mise en place d'aquacultures. Les fermes à crevettes comme celles que l'on trouve à la pointe de Camau au Sud-Vietnam, nées dès les années 1970, ont explosé à partir des années 1980 dans tous les pays de l'Asie du Sud-Est. Elles constituent l'exemple même de systèmes non durables. Les bénéfices à court terme élevés, l'apport de devises contrebalancent mal les impacts nombreux – et souvent irréversibles – sur l'environnement et l'économie locale comme la destruction des palétuviers, la perturbation de la circulation hydrologique, l'introduction d'espèces invasives, la salinisation et donc la dégradation des sols, la simplification des systèmes d'usage, la marginalisation des acteurs locaux.

Si les programmes de reboisement ne font bien souvent qu'accélérer la colonisation spontanée des vasières par les palétuviers, il faut en revanche souligner l'importance pour les populations locales des services et produits tirés de la mangrove, et encourager leur valorisation à travers l'écotourisme, la promotion de la « fleur de sel » de mangrove ou encore la certification de crevettes « bio » et équitables.

Les mangroves entre protection des milieux et diversité des usages. ”

MENACES SUR LA VIE : LA BIODIVERSITÉ

La biodiversité désigne la diversité du vivant, du niveau génétique jusqu'au niveau de l'écosystème. Cette diversité est aujourd'hui menacée sous l'effet de la disparition et de la dégradation de certains milieux, telles les forêts « primaires » tropicales, et du développement d'espèces invasives. Le risque d'érosion accélérée de la diversité du vivant est à l'origine d'une prise de conscience internationale qui s'est traduite par des conventions internationales – la convention de Rio en 1992 –, des directives européennes – la directive Habitat de 1992 – et des textes nationaux – Stratégie nationale pour la biodiversité de 2004.

Vous avez dit durable ?

L'inquiétude s'explique par la multiplicité des services rendus par la biodiversité. D'ordre éthique (la biodiversité comme patrimoine), écologique (maintien des écosystèmes, climat), économique (industrie pharmaceutique, agriculture) et culturel (spirituel, éducation), ces services participent de la durabilité des processus écologiques et sociaux.

Les chiffres relatifs à la perte actuelle et future de la biodiversité font peur, notamment l'augmentation considérable du taux d'extinction des espèces dans le futur. La liste rouge des espèces menacées, publiée par l'UICN (Union internationale pour la conservation de la nature), ne fait pourtant état « que » de près de 16 000 espèces, soit moins de 1 % de l'ensemble des espèces connues aujourd'hui. Ce sont les milieux emblématiques qui sont les plus menacés : forêts tropicales humides, zones humides.

Ces estimations reposent toutefois sur des modèles aléatoires et des données partielles : le nombre total d'espèces existantes est incertain, estimé entre 5 et 30 millions (contre moins de 2 millions répertoriées actuellement). L'histoire de la planète est aussi marquée par une tendance lourde à la diversification de la vie, interrompue par de grandes périodes d'extinctions massives, ayant entraîné à chaque fois la disparition de plus des trois quarts des espèces existantes, dont l'épisode Crétacé, marqué par la fin des dinosaures. La durabilité du vivant participe d'une histoire qui est loin d'être linéaire.

UN BOULEVERSEMENT FLORISTIQUE MAJEUR

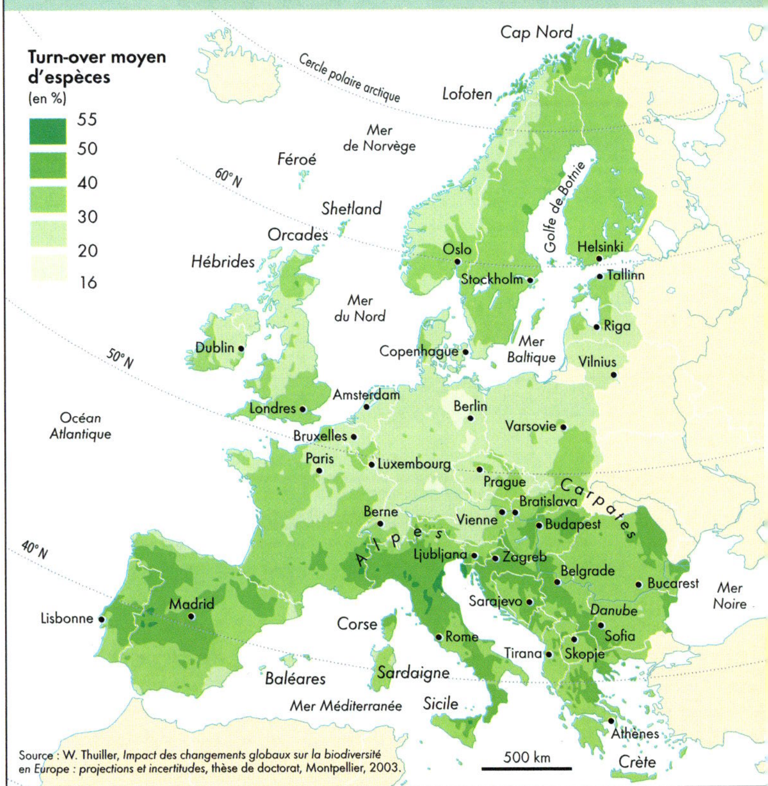

Source : W. Thuiller, *Impact des changements globaux sur la biodiversité en Europe : projections et incertitudes*, thèse de doctorat, Montpellier, 2003.

Les sociétés créatrices de la biodiversité

Si les sociétés ont bien contribué à la disparition de nombreuses espèces, elles ont également favorisé, par les sélections opérées dans le cadre des activités agricoles, l'émergence de nouvelles variétés. Le développement de l'agriculture sur le pourtour méditerranéen dès le néolithique s'accompagne d'une diversification des cultures et des espèces cultivées. Les sociétés ont ainsi créé de la diversité génétique par le jeu des multiples sélections et croisements opérés à travers l'histoire de l'agriculture : les 220 variétés de tomates existant aujourd'hui proviennent d'une souche d'origine située dans les Andes. On pourrait multiplier les exemples. Certaines sociétés ont également façonné des paysages d'une grande (bio)diversité, tels les bocages d'Europe occidentale ou encore les agroforêts tropicales. La biodiversité est le reflet de territoires en mutation dans lesquels se créent ou se perdent des formes de la variété du vivant.

EN DANGER ?

La biodiversité au Phanérozoïque

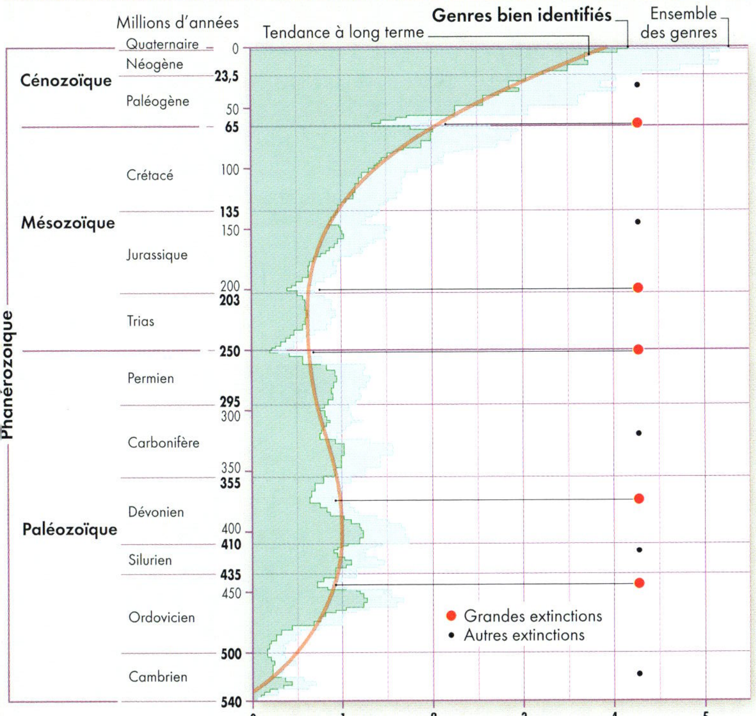

Sources : J. Sepkoski, « A Compendium of Fossil Marine Animal Genera », *Bulletins of American Paleontology*, n° 363, 2002 ; R. Rhode et R. Muller, « Cycles in Fossil Diversity », *Nature*, n° 434, 2005.

Changement climatique global et réponses régionales et locales

Le changement climatique actuel représente l'une des menaces les plus importantes en termes de biodiversité.

La rapidité et l'ampleur des changements annoncés risquent de se traduire par la disparition de nombreuses espèces et de nombreux écosystèmes incapables de migrer pour suivre le rythme du changement. Certaines régions pourraient voir leur flore et leur faune se modifier dans des proportions importantes comme les abords de la Méditerranée où le pourcentage de modification de la flore pourrait approcher les 50 %. Ces bouleversements sont déjà à l'œuvre, comme en témoignent certains signes tangibles : déplacement des aires de répartition des espèces végétales et animales, modification des dates de migrations des oiseaux. Certains écosystèmes comme les grands lacs sibériens ont ainsi diminué de plus de 10 % au cours des trois dernières décennies du fait d'une réduction du permafrost favorisant l'infiltration et le drainage.

Ces modèles d'échelle globale ou régionale doivent cependant être nuancés par l'introduction des facteurs locaux : la réponse locale des écosystèmes aux changements climatiques témoigne dans bien des cas des capacités d'adaptation des espèces ou des écosystèmes. Une étude réalisée dans les Monts Olympic (Nakawatase J. *et al.*, 2004), au nord-ouest des Etats-Unis, montre les effets très variables du changement climatique en fonction des expositions et des altitudes.

Évolution du Néolithique à la fin de l'Empire romain

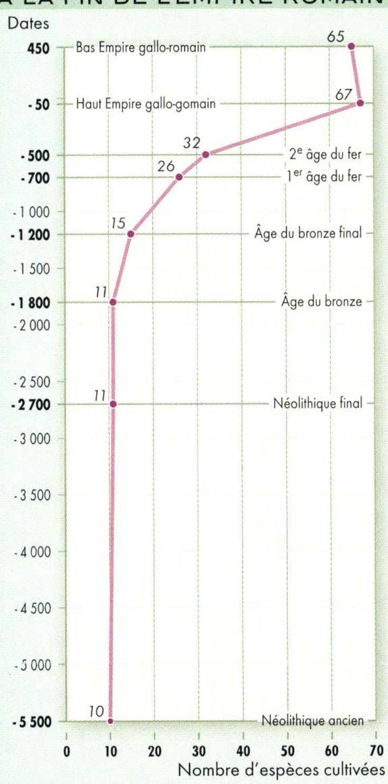

Source : Ph. Marinval, « Exploitation de la biodiversité végétale en France à l'Holocène », *Deuxièmes journées de l'Institut français de la biodiversité*, Marseille, 2004.

> ***Si la vie fut bien, dès l'origine des temps, une foire d'empoigne, c'est depuis toujours le creuset de solidarités créatrices.***
>
> **Robert Barbault**, *Un éléphant dans un jeu de quilles*, **Seuil, 2005.**

Taux d'extinction des espèces par millénaire

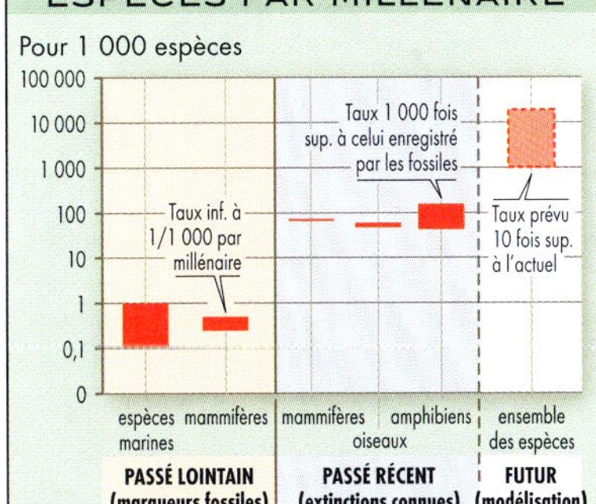

Source : Millennium Ecosystem Assessment, *Ecosystems and Human Well-being: Biodiversity Synthesis*, 2005.

LA CONVENTION ALPINE, PROPOSITIONS

La Convention alpine est une convention internationale visant à assurer la protection et le développement durable de la chaîne alpine. Signée à Salzbourg en 1991, entre les huit pays de l'arc alpin et l'Union européenne, ses enjeux sont à la fois économiques, sociaux et environnementaux, ce qui explique l'éventail des thèmes abordés dans des protocoles particuliers : aménagement du territoire et développement durable territorial, protection de la nature et entretien des paysages, agriculture de montagne, forêts de montagne, protection des sols, tourisme et loisirs, énergie, transports, règlement des différends.

LE SOLDE MIGRATOIRE DANS LES COMMUNES ALPINES

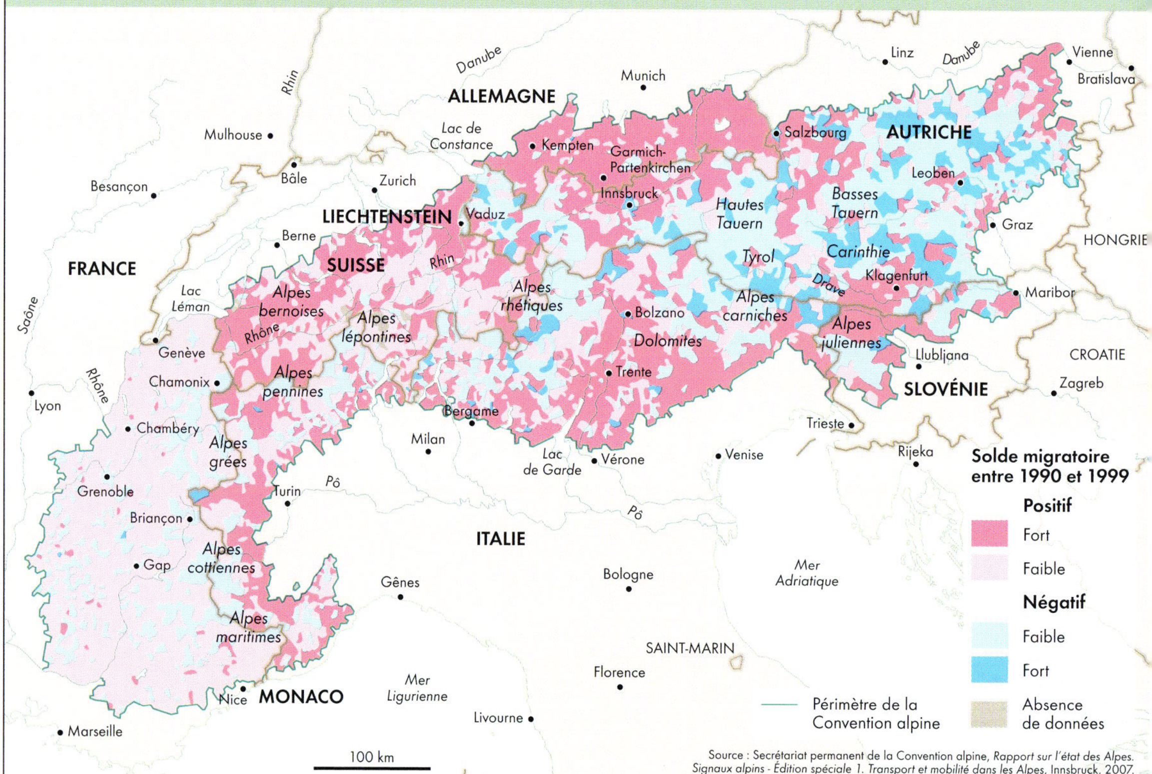

Source : Secrétariat permanent de la Convention alpine, *Rapport sur l'état des Alpes. Signaux alpins - Édition spéciale 1. Transport et mobilité dans les Alpes*, Innsbruck, 2007.

Un accord-cadre pour gérer l'avenir de la première montagne touristique du monde.

Une mise en application difficile

Face à la multiplication des pressions et au reflux quasi généralisé des activités agricoles et industrielles, la Convention alpine entend, dans la logique du « développement durable », à la fois protéger un milieu présenté comme menacé et encadrer le développement des activités économiques. Surmonter cette contradiction n'est évidemment pas chose facile, d'autant que la Convention alpine peine à donner des contenus concrets à ses intentions . Du reste, ses protocoles d'application n'ont toujours pas été ratifiés par l'Italie et la Suisse. Actuellement, les principales conséquences de cette convention sont le souci de précaution qui pèse désormais sur les concepteurs de nouveaux projets et la vigilance renforcée qui anime les associations de protection de l'environnement alpin.

POUR UNE MONTAGNE DURABLE

L'INTENSITÉ TOURISTIQUE DANS LES ALPES

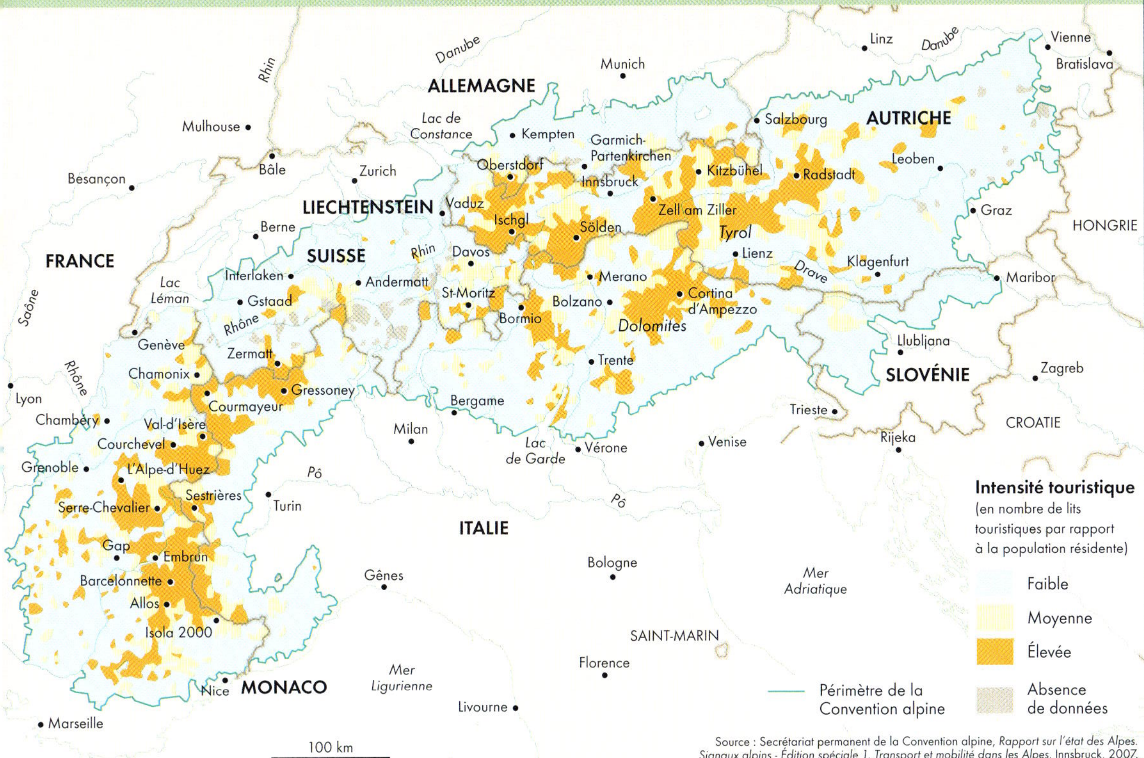

Source : Secrétariat permanent de la Convention alpine, *Rapport sur l'état des Alpes. Signaux alpins - Édition spéciale 1. Transport et mobilité dans les Alpes*, Innsbruck, 2007.

CONTRASTES

Après un très long exode rural, les Alpes françaises sont devenues attractives, contrairement à la partie centrale et orientale de la chaîne dont les hautes vallées dépérissent (à gauche). Les plus fortes intensités touristiques s'observent au cœur des Alpes, dans les hautes vallées qui cumulent fréquentations touristiques élevées et populations résidentes plus faibles, confirmant la primauté des sports d'hiver (ci-dessus).

La convention alpine, un texte pionnier

La Convention alpine est le premier texte prenant en compte la chaîne alpine dans son ensemble – la prise de conscience de l'unité des Alpes a été tardive. C'est aussi le premier texte cherchant à mettre en œuvre, à une échelle régionale, les principes du rapport Brundtland (1987). Ces derniers venaient après la « loi montagne », adoptée par la France en janvier 1985, qui contenait déjà la double préoccupation de conjuguer la protection et le développement d'un milieu soumis à différentes pressions. Cette précocité est à mettre au crédit de l'action d'un groupe de pression, la Cipra (Commission internationale pour la protection des Alpes), fondée en 1952, une ONG représentant une centaine d'associations des sept pays alpins et dont les objectifs sont à la fois la protection de la nature et du paysage, un développement respectueux de l'environnement et des aspects sociaux, la promotion d'une conscience alpine.

La Convention alpine a été adoptée dans le contexte de pressions grandissantes sur le milieu alpin, dont les deux manifestations les plus importantes sont le développement touristique et l'accroissement des traversées des Alpes par les trafics de personnes comme de marchandises. En effet, les Alpes, du fait de leur situation au cœur de l'Europe, sont les montagnes les plus traversées au monde, occasionnant saturations, pollutions et nuisances, sans compter les 60 à 80 millions de skieurs fréquentant annuellement ses pistes.

LE TERRITOIRE DE LA CONVENTION ALPINE

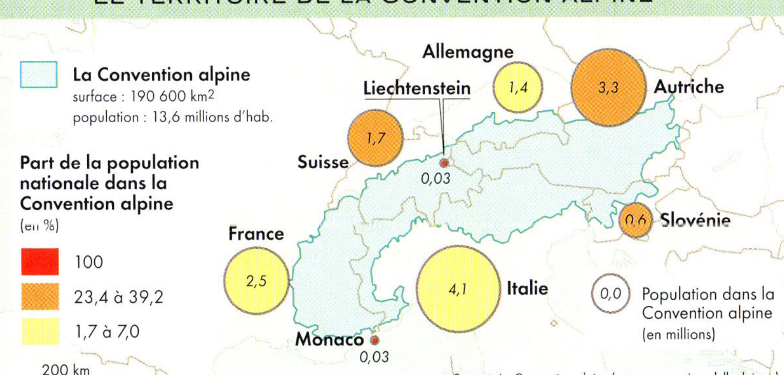

Source : La Convention alpine (www.convenzionedellealpi.org).

LA CONVENTION DU RHIN, PROPOSITIONS

Artère économique de l'Europe de l'Ouest, le Rhin est devenu, à la suite des aménagements entamés dès le début du XIXe siècle par J. von Tulla, une infrastructure au service du développement industriel et de la navigation. Ces aménagements, plus précoces que sur le Rhône ou le Danube, la densité des populations dans le bassin du Rhin, l'intensité des déversements polluants ont altéré milieux naturels, biodiversité du fleuve et paysages, transformant le Rhin en égout. Dans l'orbite de la Commission internationale du Rhin, un nouveau modèle « intégré » de développement durable du fleuve a été élaboré entre 1987 et 2000, avec des résultats tangibles.

Des dispositions juridiques anciennes et inefficaces

En 1816, les États riverains du Rhin, réunis au sein de la Commission centrale pour la navigation du Rhin, établirent les principes de libre navigation sur le fleuve, formalisés en 1831 (acte de Mayence) et 1868 (acte de Mannheim). Ces initiatives juridiques ne s'étendaient cependant pas à l'aménagement ou aux usages industriels du fleuve, qui se faisaient sans concertation entre les États riverains. Support de fortes densités de population (270 hab/km² dans le bassin du Rhin pour 113 hab/km² en moyenne dans l'Union européenne), le bassin-versant du Rhin est également un haut lieu économique de l'Europe occidentale. En forte augmentation dans les années 1950 et 1960, les rejets de métaux lourds, de sels, de matières organiques et eutrophisantes par la Suisse (Bâle), la France (Alsace et Lorraine) et l'Allemagne (Ruhr) ont eu un impact désastreux sur la qualité de l'eau. Dès 1935, le saumon avait disparu du fleuve. En 1950, une Commission internationale pour la protection du Rhin contre la pollution fut créée mais il fallut attendre treize ans avant qu'elle ne soit effective. Des conventions internationales (produits dangereux et chlorures) furent négociées en 1976, sans amélioration notable de l'état du fleuve. La catastrophe de la Toussaint 1986 à Bâle et son impact médiatique ont conduit les États récalcitrants à adhérer au Programme d'action Rhin conçu pour changer le visage de l'« égout de l'Europe ».

LES REJETS POLLUANTS DANS L'EAU DANS LE BASSIN DU RHIN

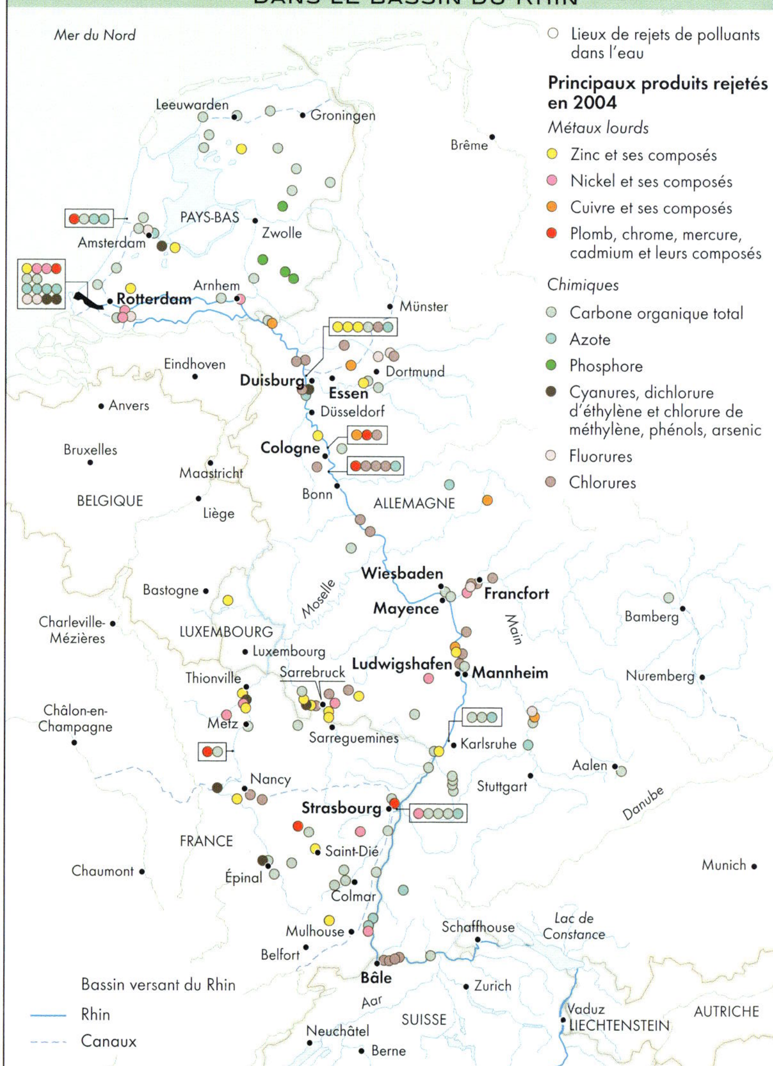

Sources : European Pollutant Emission Register, 2004 (eper.eea.europa.eu/eper/) ; Programme des Nations unies pour l'environnement (www.grid.unep.ch) ; Commission internationale pour la protection du Rhin (www.iksr.org).

POUR UN FLEUVE DURABLE

Les grandes difficultés pour gérer le maillage d'un bassin-versant

Le Rhin illustre la difficulté qu'il y a à gérer de manière collective des ressources partagées entre des États et des acteurs sociaux aux intérêts divergents. Dans un bassin fluvial, la dépendance des riverains de l'aval par rapport à l'amont est source de conflits d'usage qui peuvent être violents. Sur le Rhin, les égoïsmes nationaux rendaient très difficiles la régulation de la pollution et la gestion conjointe du fleuve. Les tensions entre les Pays-Bas, qui utilisent le Rhin pour la production d'eau potable, et la France sur la question des rejets salins des Mines de potasse d'Alsace connurent un sommet en 1983, avec le rappel de l'ambassadeur hollandais à Paris. En l'absence d'une volonté politique forte pour les appliquer, les outils juridiques et les déclarations d'intention étaient incapables de préserver l'environnement.

Lancé à la suite de la catastrophe de 1986, le Programme d'action Rhin de 1987 a été une initiative originale en ce qu'il proposait des objectifs de résultats et non des objectifs de moyens, appuyés sur des sanctions et des interdictions. Le programme se proposait symboliquement de permettre le retour du saumon dans le Rhin en l'an 2000. Il a incontestablement permis une amélioration de la qualité de l'eau et le retour de nombreuses espèces, le saumon dès 1995. Néanmoins, le fleuve se ressent toujours de la pollution. Les rejets directs dans l'eau ont diminué mais n'ont pas disparu, notamment les métaux lourds. Des produits toxiques sont toujours déversés dans le fleuve. La pollution diffuse, liée aux activités agricoles (pesticides, engrais), a gagné en importance alors qu'elle est beaucoup plus difficile à réguler car elle dépend des pratiques culturales de milliers d'agriculteurs et non des déversements de quelques usines. L'histoire de la pollution du Rhin se lit aussi dans les sédiments chargés de substances toxiques accumulés dans le fleuve et dans son delta.

UN EXEMPLE D'« ESPACE DE LIBERTÉ » RECRÉÉ LE LONG DU RHIN

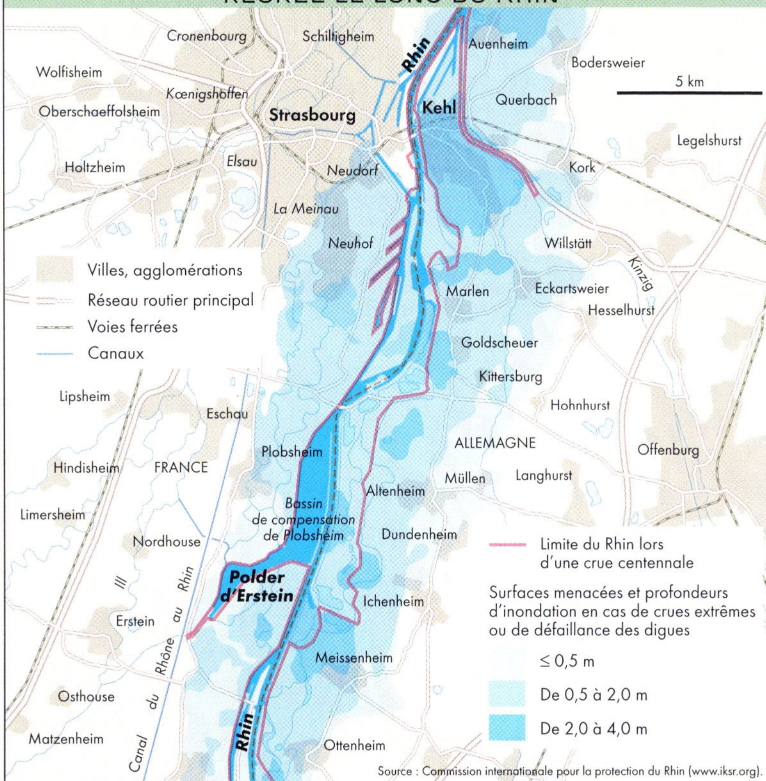

Source : Commission internationale pour la protection du Rhin (www.iksr.org).

Gérer l'amont pour protéger l'aval

Une nouvelle convention pour la protection du Rhin a été signée en 1999, qui étend significativement les prérogatives de la Commission internationale pour la protection du Rhin (CIPR). Les crues catastrophiques de 1993 et de 1995 ont montré les limites de la stratégie d'endiguement et d'aménagement du fleuve. Les endiguements à l'amont, en corsetant le fleuve, font monter le niveau de l'eau à l'aval, aggravant les dommages. La lutte contre les inondations, nouvelle responsabilité de la CIPR, passe par la reconstitution d'espaces naturels, dits « de liberté », où le fleuve peut s'étendre sans dommage en cas de crue. Cette politique bénéficie également à la biodiversité et participe à l'amélioration de la qualité des eaux. Dans la région de Strasbourg, particulièrement exposée en cas de crue importante, le polder d'Erstein, d'une surface de 600 ha, a été créé en 2004. Il fournit un champ d'expansion au Rhin en cas de crue et constitue un espace naturel de valeur. Cette politique n'est pas sans heurter certains acteurs puisqu'elle aboutit à limiter l'artificialisation des surfaces et des berges dans le bassin. Depuis 2000, l'Union européenne est entrée en jeu, en publiant une directive-cadre sur l'eau qui étend aux bassins-versants internationaux les outils de gestion disponibles au niveau national. Ce n'est plus le fleuve lui-même, mais le bassin fluvial qui est désormais l'échelle pertinente de gestion.

Les nouvelles conceptions de gestion durable d'un axe majeur de l'Europe. ❞

DE L'AGENDA 21 AUX AGENDAS 21 LOCAUX

Le Sommet de la Terre, à Rio en 1992, a fait émerger l'approche du développement durable en soulignant, dans l'Agenda 21, la nécessaire association de la justice sociale, des échanges économiques équitables et d'une protection accrue de l'environnement. Ce programme avait pour but d'envisager « les problèmes urgents d'aujourd'hui, à rechercher et à préparer le monde aux tâches qui l'attendent au cours du siècle prochain ». L'Agenda 21 dispose de 40 chapitres. Le chapitre 28 porte sur les agendas 21 locaux. Une déclaration reposant sur 27 principes suppose une mise en œuvre efficace à l'échelle des collectivités territoriales.

"Penser globalement, agir localement", ou la difficile mise en œuvre du développement durable.

Les objectifs de l'Agenda 21

L'agenda 21 comprend 40 chapitres organisés en un préambule et quatre sections successives.

Les objectifs principaux consistent à :

– articuler le court et le long terme, les préoccupations locales et globales ;

– insister sur la solidarité à l'échelle planétaire, régionale et locale ;

– promouvoir la solidarité entre régions riches et pauvres, entre espaces riches et pauvres au sein d'une agglomération ;

– souligner la responsabilité partagée entre acteurs locaux, régionaux, mondiaux. Il est fondamental d'associer les populations aux projets qui les concernent. Il faut donc impliquer dans le projet toutes les parties prenantes, y compris les générations futures.

Le chapitre 28 de la section 3 incite les autorités régionales et locales à mettre en place des agendas 21 locaux intégrant le développement durable.

LES AGENDAS 21 EN COURS

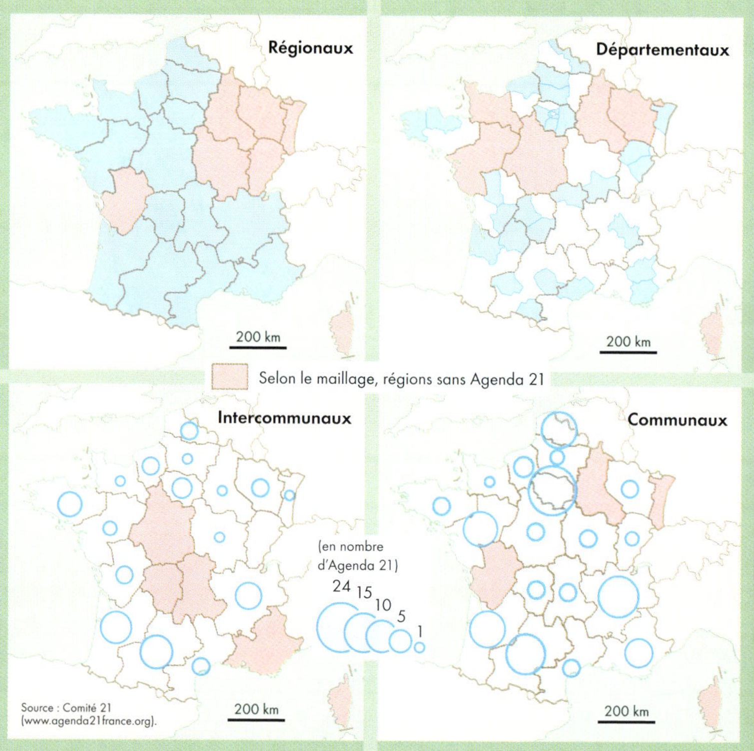

Source : Comité 21 (www.agenda21france.org).

Un bilan mitigé

Les agendas 21 locaux définissent parfois des actions disparates, encore souvent trop exclusivement orientées vers l'amélioration des conditions écologiques, au détriment des autres composantes du développement durable que sont la lutte contre l'exclusion et les discriminations, la coopération décentralisée, le soutien de l'économie sociale et environnementale, l'éducation au développement durable. Les agendas s'intéressent peu ou ne parviennent pas à répondre aux questions d'équité sociospatiales, aux problèmes des inégalités qui se résument souvent à évoquer la situation des populations âgées et celle des handicapés. Dans un certain nombre de cas, la mise en œuvre de l'agenda 21 local ne s'effectue que sur une partie d'une agglomération, de sorte que le reste échappe au projet et recueille souvent des éléments d'aménagement dont le secteur soumis à l'agenda ne veut pas.

Les thèmes des agendas 21

Ce sont les ressources dont l'eau (qualité, coût), les risques naturels et technologiques, la nature en ville (espaces verts, ceintures vertes, jardins), les déchets (collecte, traitement), les pollutions (mesures, effets), les nuisances (bruit, etc.), les friches et leur requalification, la circulation en ville, (circulation douce), le rapport avec la pollution et la santé des populations, le logement. Ils intègrent de plus en plus transports et économies d'énergie.

DE RIO À ANGERS

Les agendas 21 locaux

Les agendas 21 locaux ancrent le développement durable dans des territoires de dimension variable. Ainsi, en France, ils peuvent concerner une région, une communauté de communes, une agglomération ou un quartier de ville. De nombreux agendas 21 locaux sont également mis en œuvre ailleurs en Europe.

Le *Guide européen des agendas 21 locaux* souligne que « c'est parce qu'un grand nombre de problèmes et de solutions abordés par l'Agenda 21 trouvent leur origine dans les activités locales que la participation et la coopération des autorités locales seront des facteurs déterminants dans la réalisation de ces objectifs ».

Un agenda 21 résulte d'une démarche volontaire consistant à déterminer les priorités et les objectifs sur un territoire. Il n'existe pas de normes, chaque territoire s'engage dans un agenda 21 selon ses compétences et ses moyens. Tout commence par un état des lieux.

Les collectivités locales construisent, exploitent et entretiennent des infrastructures économiques, sociales, environnementales, supervisent le processus de planification, établissent des politiques et des règlements en matière d'environnement et aident à leur mise en œuvre tant sur le plan national que sur le plan local. À l'échelon local de décision, c'est- à-dire le plus proche des habitants, les municipalités jouent un rôle décisif en ce qui concerne la mobilisation du public et les réponses que ce dernier attend pour favoriser le développement durable.

L'AMÉNAGEMENT DU PLATEAU DES CAPUCINS À ANGERS

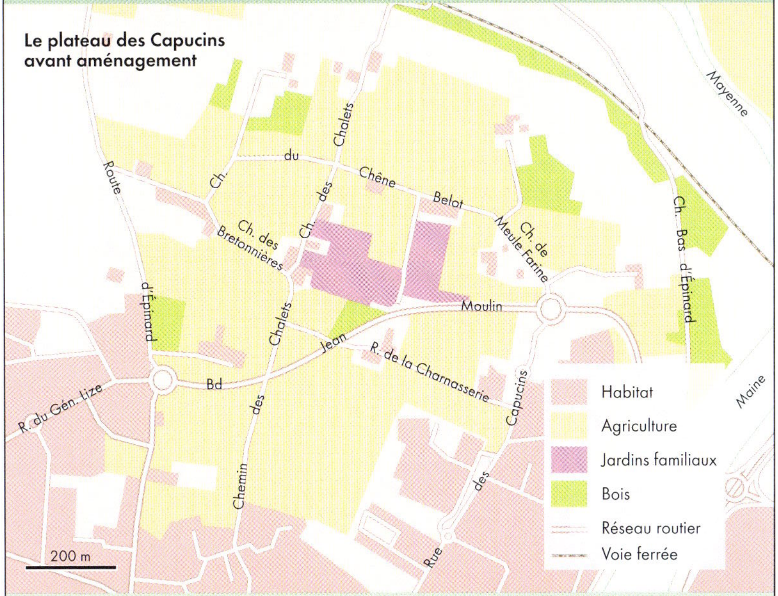

Sources : Ville d'Angers (www.angers.fr) ; Atelier Castro-Denissof-Casi ; Société d'aménagement de la région d'Angers.

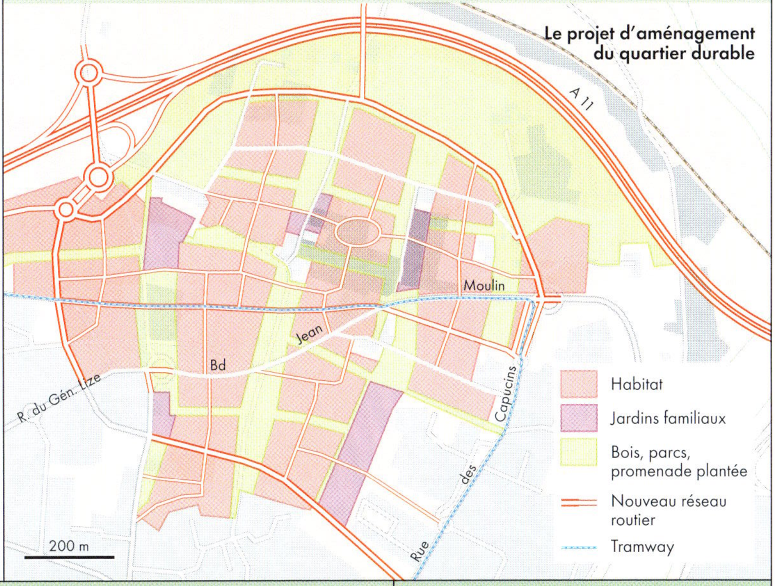

UN AGENDA 21 LOCAL, C'EST UNE DÉMARCHE

- Diagnostic du territoire
- Élaboration d'une stratégie à long terme
- **PARTICIPATION DES ACTEURS** (élus locaux, experts, citoyens...)
- Mise en œuvre d'un programme d'actions transversales
- Évaluation des politiques en terme de développement durable

UN ÉCOQUARTIER À ANGERS

L'écoquartier du Grand Large est en cours de conception à Angers, ville déjà pourvue d'un agenda 21. Il sera relié au centre de l'agglomération en quelques minutes. Au sein du quartier seront privilégiées les circulations douces (piétons, vélo), les espaces verts, la mixité sociale, culturelle et intergénérationnelle, les activités économiques, de services et de loisirs. www.ecoquartier. developpement-durable.gouv.fr/00-references/angers/h

ONG, GROUPES DE PRESSION ET LIEUX

Aujourd'hui, à côté des États, les ONG, ces structures qui adhèrent aux objectifs des Nations unies, sont indépendantes des appareils étatiques, sans but lucratif et dotées d'une structure organisationnelle durable, influent les politiques nationales et internationales. Elles agissent par petites initiatives locales de citoyens ou réseaux transnationaux, surtout en matière d'environnement (forêt amazonienne, océans, protection des espèces animales, changement climatique). Ici seront envisagées les ONG financières, qui interviennent dans la répartition et la gestion des fonds, publics ou privés, nécessaires aux politiques de développement durable.

Le rôle des ONG Bankwatch

Ces ONG cherchent à éviter les investissements inacceptables en termes écologique et social par les institutions financières que sont les banques d'affaires, les assurances, les fonds de pension, les agences de crédit à l'exportation ainsi que les Institutions de Bretton Wood (IBW – le groupe Banque mondiale, FMI).

Le rôle des établissements financiers sur l'environnement est souvent discutable. Durant les années 1980, quelques ONG avaient lancé une campagne internationale « Multilateral Development Banks », soulignant le rôle ambigu des IBW et de leurs partenaires en Asie (Banque asiatique de développement), en Afrique (Banque africaine de développement) et en Amérique du Sud (Banque interaméricaine de développement), quant à la déforestation des forêts tropicales ou la construction de barrages. Aujourd'hui, ces ONG spécialisées couvrent des espaces transnationaux considérables. En France, l'association de trois ONG – Agir ici, Crid, Aitec – est particulièrement active.

L'influence croissante des ONG s'appuie sur trois compétences : savoirs spécifiques, capacités d'interpréter de manière nouvelle des situations contestables, relations pour inscrire leur analyse à l'ordre du jour. Les ONG contribuent au développement de structures de gouvernance associant représentants du domaine politique et économique et de la société civile. Elles informent le grand public sur ces rapports aussi complexes qu'opaques, notamment dans le domaine financier.

LES ONG SPÉCIALISÉES DANS LE DOMAINE FINANCIER

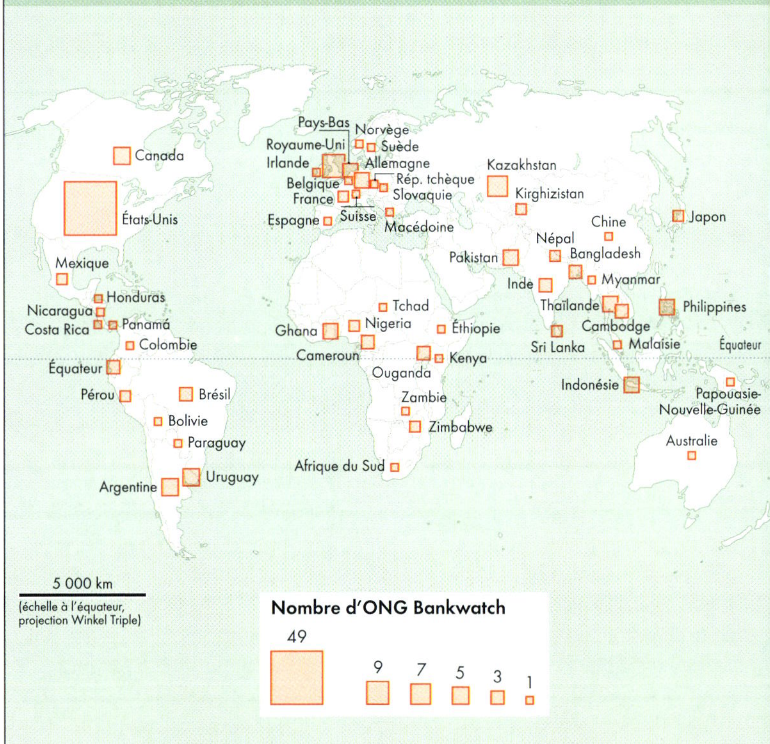

Source : R. Bläser, *Gut situiert: Bankwatch-NGOs in Washington D.C.*, Kölner Geographische Arbeiten, 2005.

> ***Les ONG de gestion et de surveillance sont devenues des acteurs incontournables. Et pourtant, quelle est leur légitimité démocratique ?***

Lieux de décision d'ampleur mondiale

Le lobbying des ONG sur les entreprises, les grandes institutions, les acteurs principaux des gouvernements se concentre dans les lieux centraux du pouvoir politique et financier. Washington en est le meilleur exemple, suivi par Bruxelles et Genève. Ces lieux représentent pour les protagonistes issus de la politique, de l'économie et de la société civile des nœuds de négociation, d'ingérence et de décision.

DE POUVOIR

LES FLUX FINANCIERS

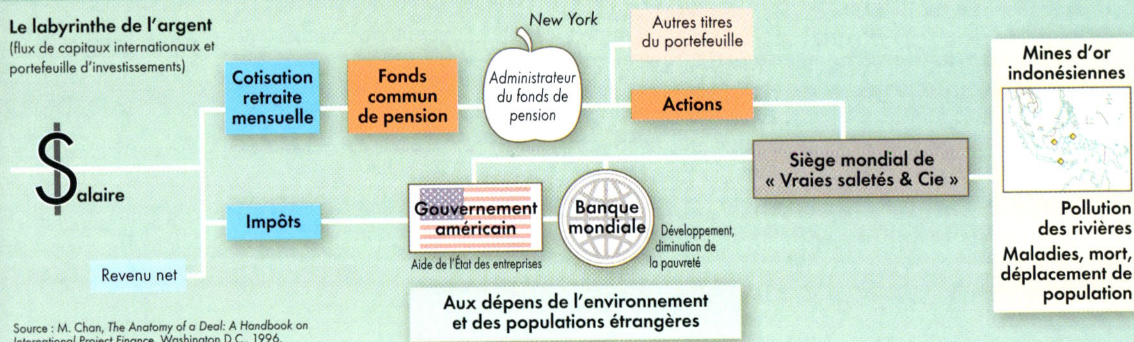

Source : M. Chan, *The Anatomy of a Deal: A Handbook on International Project Finance*, Washington D.C., 1996.

Un bilan prudent

L'intervention des ONG a commencé à infléchir les politiques de beaucoup d'institutions financières : davantage de transparence, développement des études environnementales, participation des acteurs concernés, etc. Mais trop peu d'investissements, surtout du secteur privé, sont soumis à des études d'impact sérieuses et indépendantes, surtout dans les pays en voie de développement. C'est pourquoi les ONG transnationales ont intensifié leurs efforts pour faire pression sur les institutions financières internationales (IFI), en publiant, en 2003, la « Déclaration de Collevecchi », aujourd'hui reconnue par plus de 200 institutions de la société civile. Cette déclaration demande aux établissements financiers de s'engager immédiatement en vue d'un développement durable. Les IFI, en réalisant les risques pour leur réputation, ont réagi rapidement. En 2003, plus de 50 grandes institutions financières internationales, dont en France le Crédit lyonnais et la Société générale, ont signé, sous la direction de la Banque mondiale, les « Principes de l'Équateur », référentiel pour l'identification, l'évaluation et la gestion du risque social et environnemental en matière de financement de projets. Bien que moins rigoureuse que l'approche des ONG, cette nouvelle politique pourrait permettre de véritables améliorations.

LA DENSITÉ INSTITUTIONNELLE À WASHINGTON

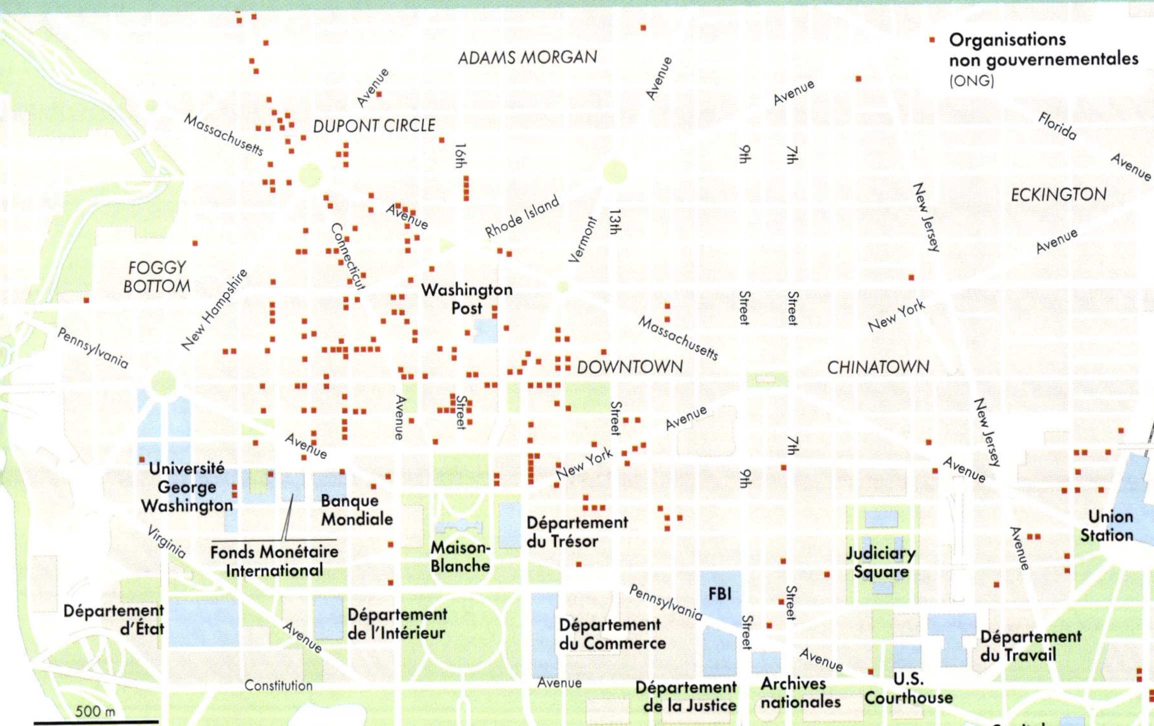

Source : U. Gerhard, *Global City Washington D.C. Eine politische Stadtgeographie*, Bielefeld: transcript, 2007.

LE BRÉSIL, DU SYMBOLE DE LA SUREXPL

Pays du Sommet de la Terre de Rio de Janeiro en 1992, le Brésil s'est trouvé aux avant-postes des pays du Sud dans la mise en pratique de politiques de développement durable visant à réduire les impacts d'activités économiques trop souvent polluantes, destructrices pour les écosystèmes et socialement discriminantes. Grâce à une riche législation environnementale, à des politiques publiques parfois volontaristes et à une présence importante d'ONG nationales et internationales, des réponses originales ont été expérimentées, comme celles de la réserve extractiviste, modèle emblématique du mouvement brésilien socio-environnementaliste.

Les développements durables et le rôle des ONG

Depuis la fin des années 1980, le Brésil, riche d'écosystèmes emblématiques tels que l'Amazonie ou la Mata Atlântica, fort d'avoir accueilli le Sommet de la Terre de Rio de Janeiro, s'est doté d'une législation des plus élaborées en matière environnementale, qu'il a accompagnée de politiques et de moyens institutionnels et financiers importants. Des alliances entre l'État brésilien fédéral et des organisations de la société civile ou des ONG internationales ont permis de limiter ou d'infléchir les impacts d'activités prédatrices souvent favorisées par des alliances de tout autre nature, entre l'État et des organisations économiques puissantes et influentes.

Désormais, deux conceptions du développement durable s'opposent. La première consiste à atténuer les impacts de modèles de développement prédateurs sans en questionner les fondements. La seconde, plus radicale, consiste à mettre en place un nouveau modèle de développement et de production qui prend comme limite la capacité de reproduction des écosystèmes. Ce dernier est porté par un mouvement typiquement brésilien qualifié de socio-environnementaliste, sorte de développement durable avant l'heure particulièrement mis en valeur dans le cadre des réserves extractivistes (Resex).

Toutefois, le Brésil n'a pas – et de loin – résolu ses problèmes environnementaux et sociaux. Le rythme de pollution et de destruction de l'environnement a du mal à ralentir. D'abord, parce que la mise en application de toutes ces législations est difficile par manque de moyens pour les appliquer. Ensuite, parce que les dépenses en matière de développement durable, malgré une augmentation significative depuis les années 1990, restent très faibles comparées aux fonds dévolus à des activités polluantes ou destructrices. Enfin, parce que le modèle socio-environnemental trouve ses limites, à cause d'initiatives ponctuelles, souvent menées à de trop petites échelles et sans grande concertation.

TROIS ONG CONSERVATIONNISTES AU BRÉSIL

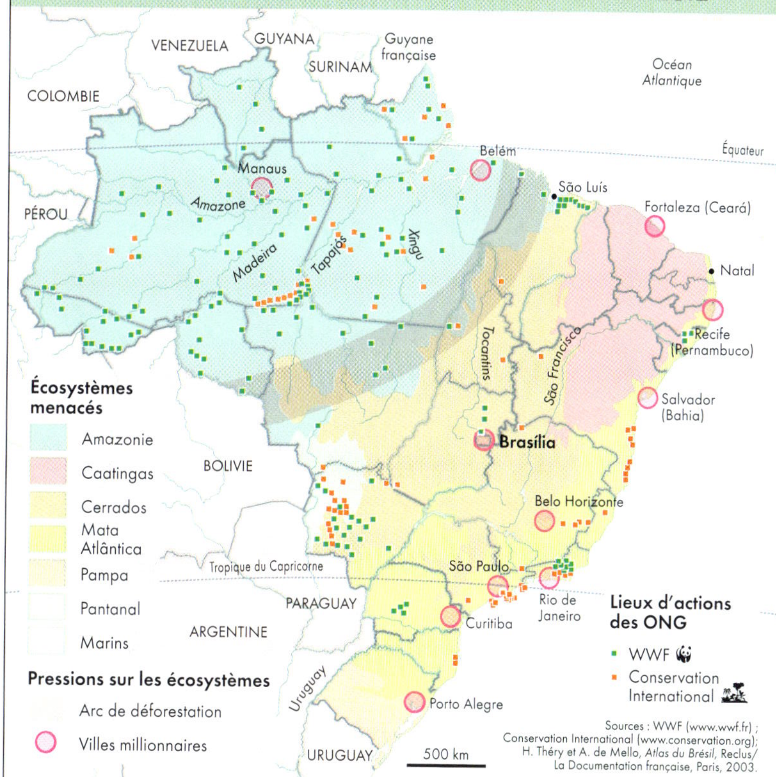

Sources : WWF (www.wwf.fr) ; Conservation International (www.conservation.org); H. Théry et A. de Mello, *Atlas du Brésil*, Reclus/La Documentation française, Paris, 2003.

La protection de l'Amazonie conduit-elle à une plus grande justice socio-spatiale ?

"

OITATION AU LABORATOIRE DE SOLUTIONS

Politiques de grands travaux

Le Brésil se classe parmi les quinze premiers pays mondiaux dans des secteurs aussi variés que la sidérurgie, l'aéronautique ou la production et l'exportation de denrées agricoles et minières. Des modèles de développement très prédateurs ont été privilégiés avec la mise en place de politiques de grands travaux (routes pour désenclaver les sites de productions minière ou agricole, barrages hydroélectriques, etc.) ou le développement d'exploitations agricoles extensives. Ce type de modèle explique en partie l'intense déforestation des forêts tropicales brésiliennes, due à l'exploitation du bois, à l'expansion de l'élevage bovin et au développement de cultures mécanisées comme le soja. Il explique aussi les graves conflits fonciers qui existent dans les campagnes brésiliennes, les inégalités sociales parmi les plus fortes du monde ou le développement insoutenable des villes qui abritent 81 % de la population du pays.

Les réserves extractivistes, laboratoire ou alibi ?

Le modèle socio-environnemental, né à partir des années 1980, avec l'aide de militants syndicalistes, d'universitaires, de l'Église catholique et de nombreuses ONG, a permis de la création des réserves extractivistes (Resex). Résultat de la lutte menée par Chico Mendes, leader des *seringueiros* de l'Acre (travailleurs du caoutchouc) assassiné en 1987, le concept de Resex a surgi comme une alternative. Il s'agissait de créer des zones réservées à l'exploitation des produits de la forêt sur lesquelles les *seringueiros* pourraient travailler sans craindre l'expulsion et l'abattage des arbres. Le concept a fait fortune et la Resex a été reconnue en 1989 par le gouvernement brésilien comme un instrument de consolidation des politiques publiques environnementales. Les réserves extractivistes sont désormais des aires protégées fédérales qui concèdent des droits exclusifs d'exploitation aux populations résidentes alors que le titre de propriété foncière reste aux mains du gouvernement fédéral. Cette méthode de conservation est censée garantir aux familles qui y vivent un droit d'usage sur leurs terres.

Les efforts pour la protection de l'Amazonie ont été réalisés selon trois orientations : renforcement des outils de détection de la déforestation, promotion d'une meilleure gestion territoriale et création d'aires protégées. C'est ce dernier point qui a été le plus probant. On estime que ces mesures volontaristes ont permis de stabiliser certains fronts pionniers tout en préservant des îlots de forêts des politiques de développement les plus prédatrices pour les écosystèmes. En incluant les terres indigènes (espaces réservés aux populations amérindiennes aux écosystèmes très préservés), l'Amazonie brésilienne dispose d'un réseau de près de 1,5 million de km² d'espaces protégés, soit environ 33 % d'un territoire plus grand que l'Europe occidentale.

LES ESPACES PRÉSERVÉS DE L'AMAZONIE BRÉSILIENNE

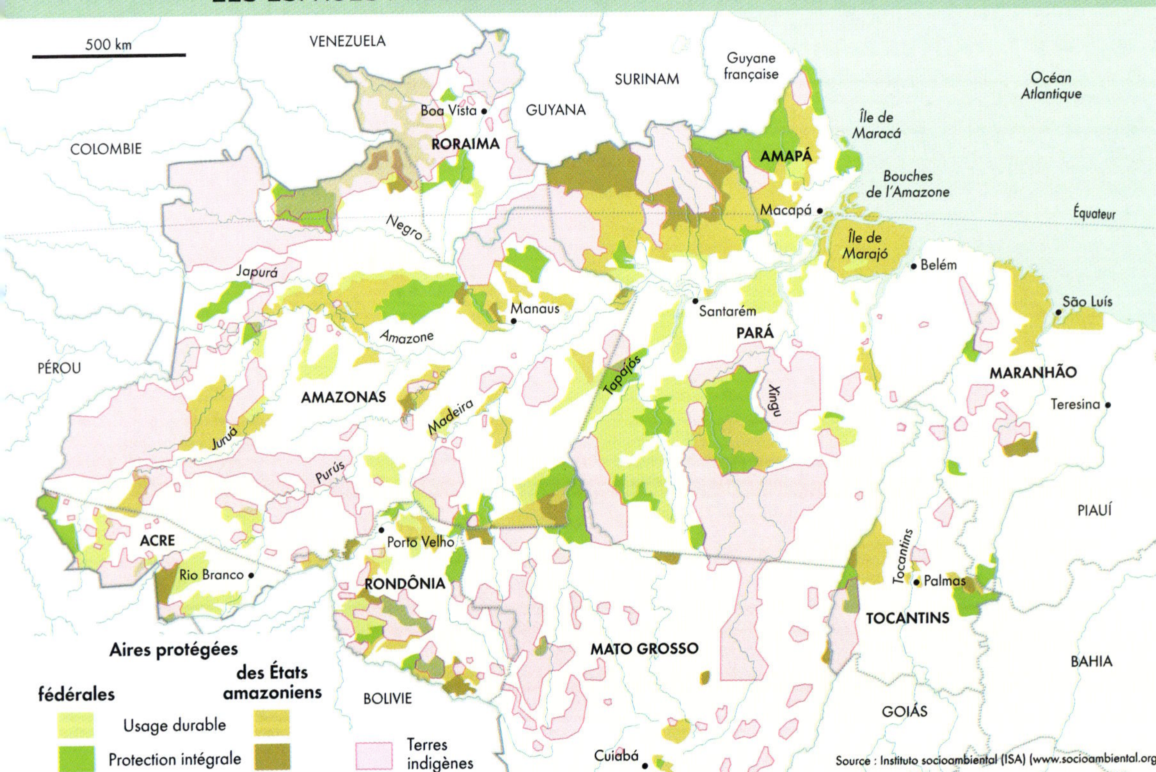

L'EUROPE, FER DE LANCE DU DÉVELOPP

Le traité de Maastricht (1992) pose les principes du développement durable : une politique visant à assurer le développement économique et social dans le respect de l'environnement et sans compromettre les ressources naturelles indispensables à l'activité humaine. Le cinquième programme communautaire (1993 puis1998) lance des axes de travail dans la conservation des ressources : eau, sol, air, biodiversité. À la suite du Conseil européen de Göteborg (2001), les États membres sont invités à élaborer leur propre stratégie. L'UE intègre le développement durable dans ses directives récentes sur, notamment, la protection des eaux terrestres et marines, et la gestion de la biodiversité.

Acteurs et organisations multiéchelles

Tous les acteurs du développement durable se regroupent en réseaux.

LE PARTAGE DES CONNAISSANCES se fait à travers l'Agence européenne de l'environnement, organe de l'UE collectant les statistiques relatives à l'environnement dans les 27 États de l'Union, plus l'Islande, le Liechtenstein, la Norvège, la Suisse et la Turquie.

DES RÉSEAUX THÉMATIQUES regroupent des réseaux de gestion fonctionnant à l'échelle nationale ou infranationale : réseaux d'agences de l'eau appuyés sur des bassins hydrographiques de grands fleuves, réseaux d'espaces protégés (Eurosite), etc.

DES INITIATIVES MULTIPARTENARIALES se développent autour de l'eau et des espèces menacées sur des bases associatives comme Birdlife International (associations de protection des oiseaux), ou autour des défis globaux concernant, par exemple, la protection de la Méditerranée (plan Bleu), etc., avec des objectifs de coopération transfrontalière et, parfois, d'aide au développement.

LES SITES NATURA 2000

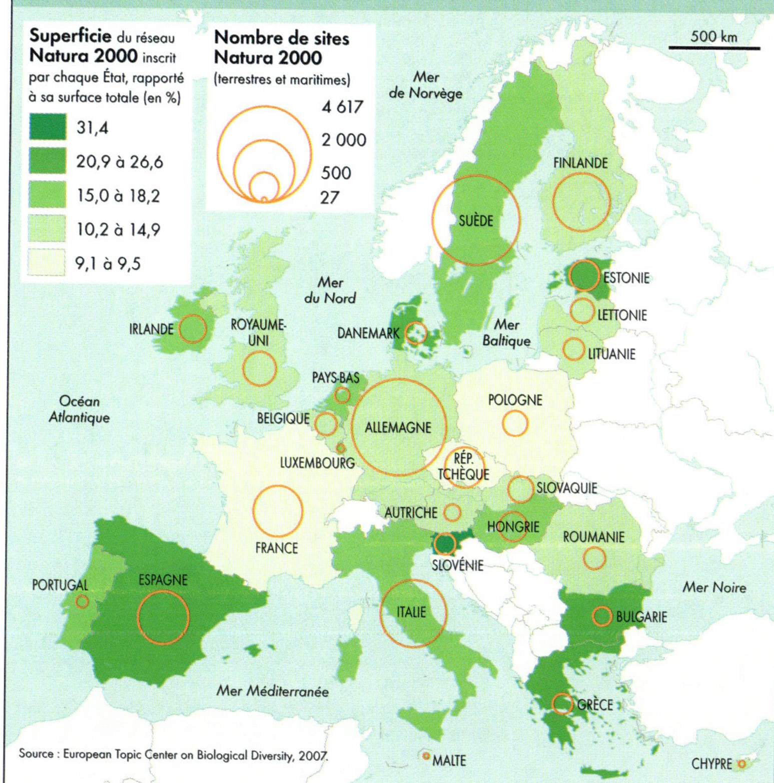

Source : European Topic Center on Biological Diversity, 2007.

Environnement et développement durable local

Depuis 1992, un réseau de sites écologiques appelé « Natura 2000 » se met en place pour préserver la diversité biologique et valoriser les territoires. En juin 2007, l'UE comptait près de 5 000 zones de protection spéciales (454 723 km²), correspondant aux aires biogéographiques, comme les zones humides, nécessaires à la survie des 181 espèces et sous-espèces menacées d'oiseaux protégés par la directive de 1979. Elle comptait également près de 21 000 zones spéciales de conservation (560 445 km², soit 12 % du territoire européen) correspondant aux habitats définis par la directive de 1992.

Natura 2000 a transformé les principes de protection de la nature. Ainsi, le classement de zones de tourbières ou de prairies de moyenne montagne s'est accompagné de programmes de gestion articulant maintien de l'activité humaine – forestière et pastorale, par exemple – avec valorisation pédagogique des sites, activités de loisirs, chasse, etc. Les outils de gestion se sont harmonisés au niveau européen avec des « documents d'objectifs », des « manuels de bonnes pratiques agrienvironnementales », etc.

Cela étant, les menaces sur les écosystèmes européens subsistent : une évaluation régulière de l'état de conservation des habitats et espèces est prévue. Pour la France, des données de source indépendante publiées en octobre 2007 montrent que, même dans les zones Natura 2000, environ la moitié des habitats et des espèces sont dans un mauvais état de conservation.

EMENT DURABLE ?

LA GESTION DE L'EAU EN EUROPE

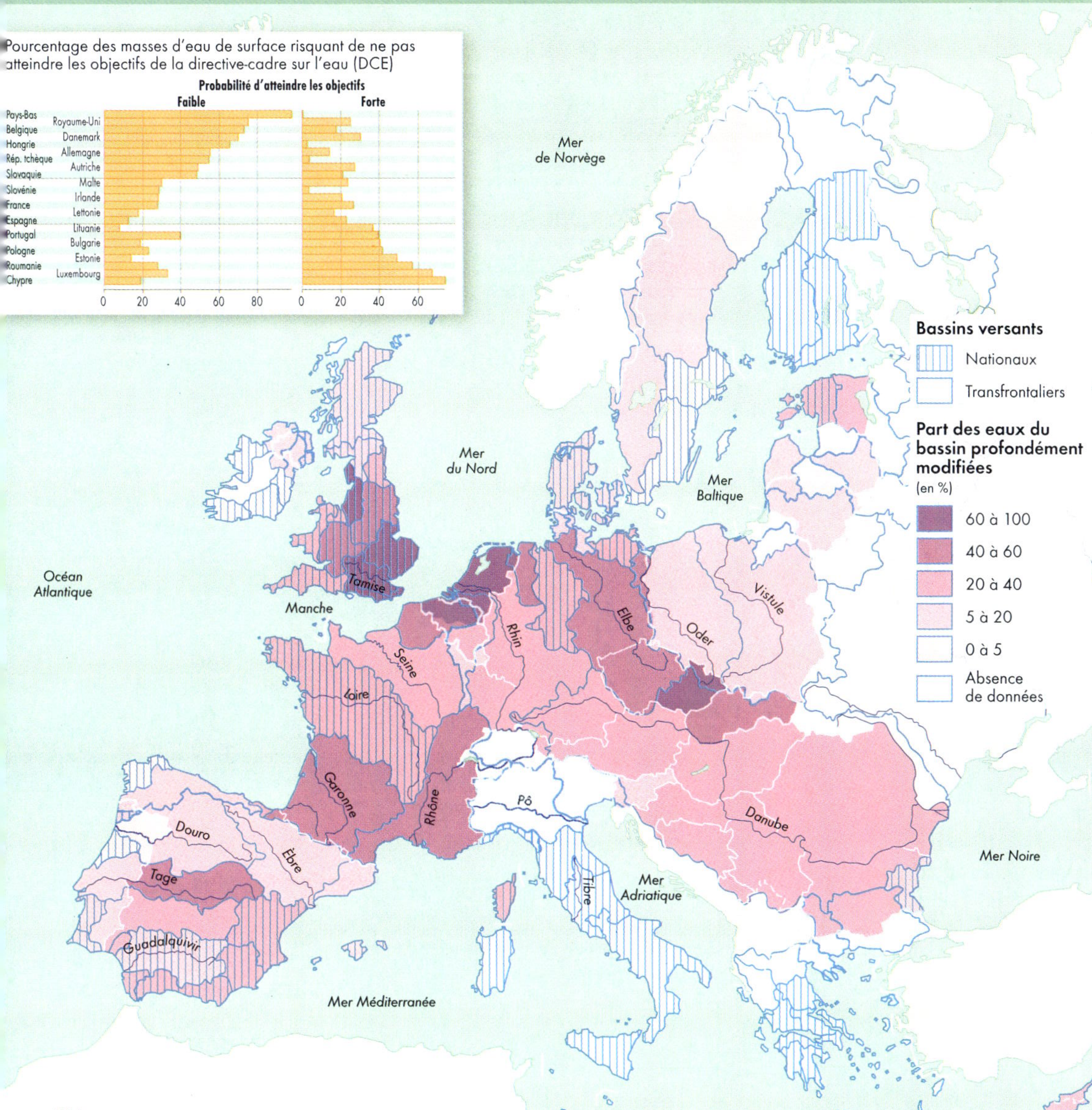

Source : Commission européenne, 2007 ; European Environment Agency (www.eea.europa.eu).

La directive cadre sur l'eau (DCE)

Par la directive du 23 octobre 2000, l'UE établit un cadre communautaire qui prévoit l'identification des eaux européennes, recensées par bassin et district hydrographiques, ainsi que l'adoption de plans de gestion et de programmes de mesures afin que les eaux retrouvent un « bon état écologique » d'ici à 2015. Il s'agit, pour les eaux intérieures de surface, souterraines, de transition (les eaux estuariennes) et côtières, de réduire leur pollution, de promouvoir leur utilisation durable, de protéger leur environnement, d'améliorer l'état des écosystèmes aquatiques et d'atténuer les effets des inondations et des sécheresses. Plusieurs étapes sont prévues : un état des lieux, puis un plan de gestion des eaux (appelé Sdage en France), un programme de mesures concernant l'agriculture (diminution de l'utilisation des produits azotés), l'industrie (rejet de substances dangereuses), la prévention des pollutions urbaines (déficience des systèmes d'épuration), etc.

Le modèle européen : la construction d'une politique cohérente de développement durable.

LES ÉTATS-UNIS, ENTRE REFUS D'AGIR AU

Les États-Unis, qui concentrent, pour 4,6 % de la population mondiale, 16 % de la production mondiale et 22,5 % de la consommation mondiale d'énergie, rejettent 22 % des émissions mondiales de CO_2, principal composant des gaz à effet de serre (GES) et 25 % des émissions mondiales de GES. En même temps, nombre d'États et de villes sont au cœur de dispositifs qui visent à réduire les surconsommations d'énergie et donc les externalités négatives accélérant le processus de changement climatique. Ces dispositifs tendent aujourd'hui à converger dans des dynamiques macrorégionales et même nationales, d'autant que les institutions fédérales ont délaissé de larges pans de ce champ-là.

La multiplicité des acteurs

Les enjeux liés au réchauffement climatique mettent en scène des acteurs divers : ceux de la sphère économique évidemment, en particulier les entreprises des secteurs jouant un rôle majeur dans les émissions des GES (hydrocarbures, chimie, métallurgie, papier, électricité, transports, immobilier), le vaste ensemble des organisations environnementalistes et civiques, mais aussi les différents niveaux gouvernementaux, des échelons locaux aux institutions fédérales. C'est bien à tous ces échelons que les politiques sont déterminées, avec des initiatives variées selon les paliers institutionnels.

LES INSTITUTIONS FÉDÉRALES développent une approche peu territorialisée et ont surtout initié de grands programmes technologiques, comme par exemple FutureGen, en partenariat avec un consortium de grandes entreprises minières et de production d'électricité, qui met en œuvre la première centrale électrique au charbon sans rejet de GES.

LES ÉTATS FÉDÉRÉS développent plus une approche territorialisée. Aujourd'hui, moins de 15 États ne sont pas encore entrés dans une démarche de type « plan climat ». Tous les autres ont achevé, élaborent, voire révisent des plans climats, les premiers plans étant ceux établis, à la charnière des années 1990 et 2000, par l'Alabama, le Kentucky, le Tennessee, le Delaware, le New Hampshire. Toutefois, seulement 17 États ont aujourd'hui défini des objectifs de réduction des émissions de GES, la Californie étant pour l'instant le seul État à avoir assorti ces objectifs de sanctions.

LES GOUVERNEMENTS LOCAUX dans des agglomérations de toutes tailles, à partir de la charnière des décennies 1980 et 1990, et plus encore depuis 2005, sont engagés dans des politiques variées tendant à mieux orienter et canaliser le processus politique, économique et social de production de la ville. Ils agissent principalement dans deux domaines ayant trait à la consommation d'énergie. Les gouvernements locaux visent une croissance spatiale plus « intelligente » (*smart growth*) minimisant la consommation de ressources. Ils cherchent également à réduire les consommations d'énergie associées à l'extrême mobilité et à la domination des habitats individuels peu denses, ce qui a des effets néfastes sur les climats locaux autant que sur le climat global. Selon les agglomérations, les priorités n'apparaissent pas identiques. Ainsi à Miami-Dade insiste-t-on sur la densification immobilière et l'économie d'énergie dans la gestion des déchets. Chicago, pourtant bien ventilée (*the Windy City*), s'illustre par une politique ambitieuse de végétalisation afin de réduire l'intensité de l'îlot de chaleur. Dans de nombreuses villes moyennes sont promus de nouveaux usages de la voirie favorisant les piétons, les cyclistes et des transports collectifs renouvelés.

LES ÉTATS-UNIS FACE A

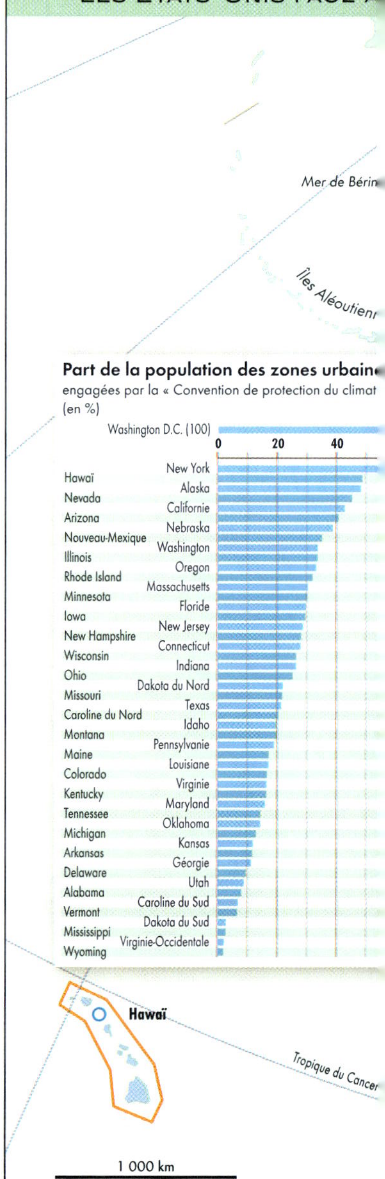

NIVEAU FÉDÉRAL ET INITIATIVES LOCALES

> ***Le plus mauvais élève de la planète fourmille d'initiatives innovantes pour le développement durable.***

Modernisation écologique

Entamée durant la décennie 1930, reprise après la Seconde Guerre mondiale et amplifiée dans la décennie 1970, la « modernisation écologique » a fait entrer les États-Unis dans un développement contraint par des considérations environnementales de plus en plus larges. Avec les décennies 1980 et 1990 et plus encore au début du XXIe siècle, les problématiques de développement durable, croisant questions environnementales, économiques et sociales, ont élargi les perspectives ouvertes antérieurement. Elles les centrent vigoureusement autour du changement climatique, question articulée aux émissions des gaz à effet de serre (GES) et donc largement aux consommations d'énergies fossiles auxquelles le développement et le mode de vie états-uniens doivent beaucoup. En fait, cette question renvoie à des enjeux multiples à la fois politiques, économiques et sociaux qui rendent difficile la construction d'objectifs consensuels.

Les États-Unis, leader en matière de développement durable ?

« L'Amérique se trouve à un point de basculement. Comme cela est arrivé à d'autres moments-clés dans l'histoire de notre nation, nos concitoyens sont en attente d'un fort leadership pour emprunter de nouvelles directions. [...] Mes collègues et moi avons une opportunité unique pour engager les États-Unis dans un futur énergétique plus propre, plus indépendant, plus sûr. [...] C'est pourquoi je lance une initiative [...] afin de réunir tous les efforts des gouverneurs pour faire de notre nation un leader mondial en efficacité énergétique, dans le domaine des technologies propres, la recherche sur l'énergie et le déploiement de combustibles alternatifs. »

Tim Pawlenty, gouverneur du Minnesota, président de l'Association nationale de gouverneurs 2007-2008.

ÉCHAUFFEMENT CLIMATIQUE

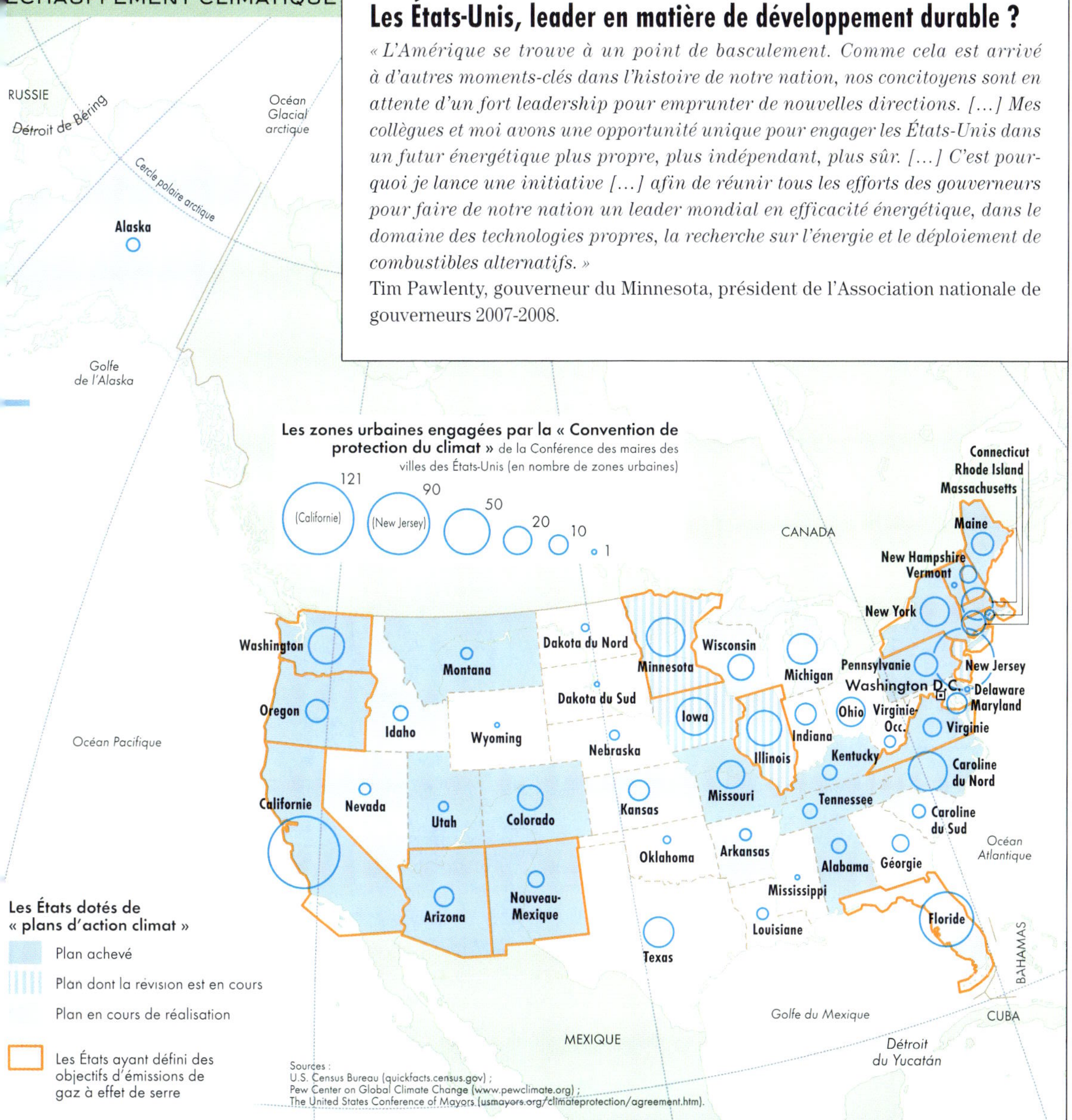

LA CHINE, LA PRISE DE CONSCIENCE EN

L'immensité chinoise offre d'abondantes ressources naturelles et une grande diversité biogéographique, mais le pays souffre aussi de la désertification, de cyclones annuels sur les côtes méridionales et de séismes comme à Tangshan en 1976 et dans le Sichuan en 2008. Le ratio entre les surfaces cultivables et le nombre d'habitants est l'un des plus faibles du monde. Le développement économique actuel, l'industrialisation et l'accélération de l'urbanisation provoquent une véritable catastrophe environnementale et des mécontentements populaires, auxquels le gouvernement chinois entend répondre désormais par une politique plus globale.

LES ENJEUX ENVIRONNEMENTAUX DE L'IMMENSITÉ

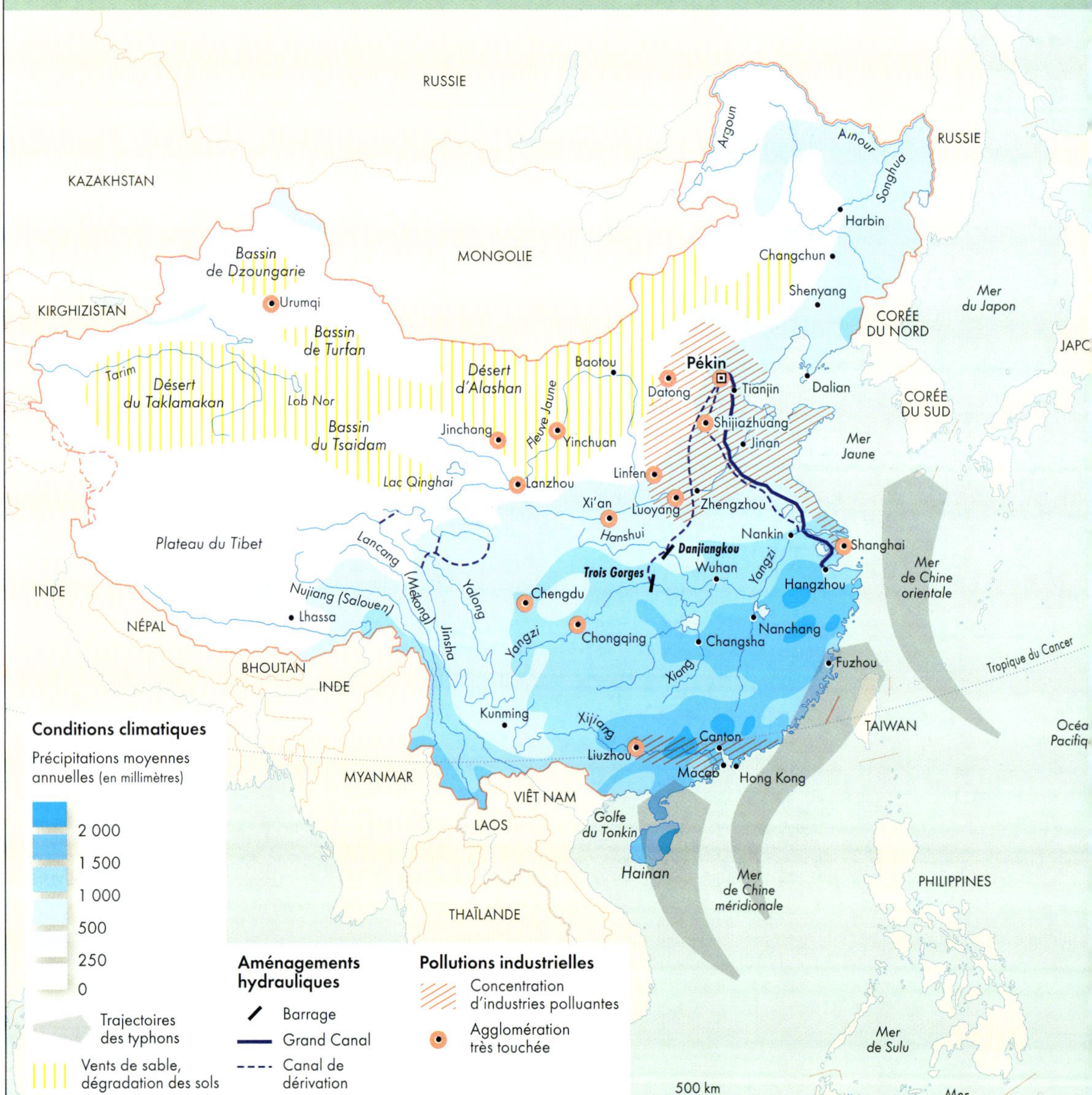

Sources : T. Sanjuan, *Atlas de la Chine*, Éditions Autrement, Paris, 2007 ; P. Trolliet, *Géographie de la Chine*, Presses Universitaires de France, Paris, 1993.

VIRONNEMENTALE ?

L'EXPLOSION DU NOMBRE DE VÉHICULES PRIVÉS

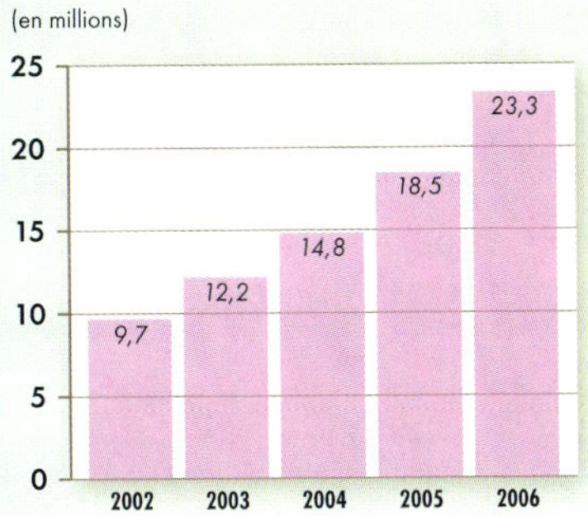

Source : T. Sanjuan, *Atlas de la Chine*, Éditions Autrement, Paris, 2007.

La pollution urbaine

La modernisation urbaine chinoise pousse à une délocalisation périphérique de l'essentiel des activités industrielles, à un intense renouvellement du bâti et à la création d'espaces publics pour partie verts. La pollution par le charbon a régressé et les villes chinoises sont plus propres. Pour autant, la pollution globale s'est nettement aggravée. L'air pollué est notamment dû à la croissance très importante du nombre de voitures et des problèmes de santé publique sont apparus. Outre les trop fréquentes difficultés respiratoires, plus de 400 000 décès annuels relèvent de la pollution de l'air et 116 millions de citadins chinois vivent dans un milieu où la pollution est de niveau 3. Les infrastructures de retraitement des eaux polluées restent également insuffisantes. La Chine compte 16 des 50 villes les plus polluées au monde, dont Pékin, Shanghai, Jilin, Taiyuan, Lanzhou et Urumqi.

Le désastre écologique

Le désastre écologique chinois remonte aux politiques de développement volontaristes des années 1950. Une industrialisation lourde, très polluante, a mené à une sollicitation démesurée des ressources naturelles. La population chinoise explose par ailleurs en raison de la transition démographique dans les trente premières années du régime communiste. Le lancement des réformes à la fin des années 1970 dégrade très fortement la situation environnementale. L'industrialisation rurale, liée à l'intégration au système économique mondial, rompt des équilibres agricoles, paysagers et sociaux dans le delta de la rivière des Perles, la région de Wenzhou ou le delta du Yangzi.

L'accélération d'une urbanisation généralisée, notamment à partir des années 1990, entraîne de nouvelles concurrences pour le sol, aggrave la question du traitement des eaux usées et fait apparaître de nouveaux défis sanitaires. À l'échelle du pays, la déforestation s'est accentuée, avec un rapport entre superficie boisée et territoire national de 14 %, soit moitié moins que la moyenne mondiale. Les régions du Sud-Ouest sont les plus atteintes. Les déserts représentent dorénavant 28 % du pays et s'accompagnent de tempêtes de sable et d'une érosion accélérée. La région de Pékin accuse un inquiétant déficit hydrique qui légitime, pour le pouvoir central, de prendre une partie des eaux du Yangzi suivant deux canaux principaux : depuis le réservoir de Danjiangkou et *via* le Grand Canal l'embouchure du fleuve.

Des milliards de personnes n'ont pas accès à l'eau potable. Près des deux tiers d'entre elles vivent en Asie. La Chine compte à elle seule le même nombre de personnes non desservies par une source d'eau améliorée que tous les pays d'Afrique.

UNICEF.

Inventer le développement durable de demain

La prise de conscience environnementale concerne avant tout les autorités centrales et les grandes villes chinoises. Elle est motivée par la visibilité internationale du développement chinois et des mécontentements croissants au sein de la population. Les « JO verts » ont été un concept clé du projet des Jeux olympiques de Pékin. Le gouvernement chinois a lancé une première « Journée verte » pour une sensibilisation à la protection de l'environnement, le 3 avril 2007 : plus de 10 000 personnes ont planté 5 000 arbres dans huit villes chinoises. L'Agence nationale pour la protection de l'environnement, créée en 1998, a été élevée au rang de ministère de l'Environnement en 2008. Un projet phare de ville 100 % écologique est développé à Dongtan dans l'île de Chongming, au nord de Shanghai, et la fin de la première phase de sa construction a initialement été prévue pour 2010. Enfin, des centrales éoliennes ont été mises en service dans le désert de Gobi.

DONGTAN, UNE VILLE 100 % ÉCOLOGIQUE DANS L'ÎLE DE CHONGMING

Sources : T. Sanjuan, *Atlas de la Chine*, Éditions Autrement, Paris, 2007 ; Skidmore, Owings & Merrill LLP (www.som.com).

L' INDE OU LES RISQUES DE DÉVELOPPEM

Aucun des trois paramètres du développement durable n'est satisfaisant pour l'Inde, malgré ou à cause de son fort taux de croissance actuel : ni en termes sociaux, ni en termes écologiques, ni même en termes économiques. Non seulement son mode de développement n'est assurément pas durable, mais il s'agit dans certains secteurs d'un « non-développement ». Ceci soulève au moins deux questions : comment un pays émergent peut-il connaître un développement durable ? Et dans quelle mesure ceci est-il compatible avec le caractère démocratique de l'Union indienne ?

Les agglomérations millionnaires

Économiquement, la croissance est extrêmement sélective, étant donné que l'agriculture, qui occupe pourtant la moitié de la population active, souffre de désinvestissement et ne compte plus que pour un cinquième du PIB. Et plus de 90 % des Indiens travaillent dans le secteur informel (*unorganised*). Socialement, c'est encore officiellement le quart de la population qui se trouve sous le seuil de pauvreté – alors même que celui-ci est fixé à 0,2 € par jour... À la misère économique s'ajoute pour beaucoup un statut d'infériorité socioculturelle : le quart des agriculteurs sans terre appartiennent aux castes intouchables, tandis que la moitié des informaticiens sont de hautes castes brahmanes. Écologiquement enfin, la situation est souvent catastrophique : les régions industrielles (Gujarat) et les grandes villes sont depuis longtemps extrêmement polluées, tandis qu'à la campagne les excès de pesticides (coton) ou d'engrais chimiques (Punjab) occasionnent des dégâts encore peu évalués.

ARMATURE URBAINE ET BIDONVILLES EN INDE

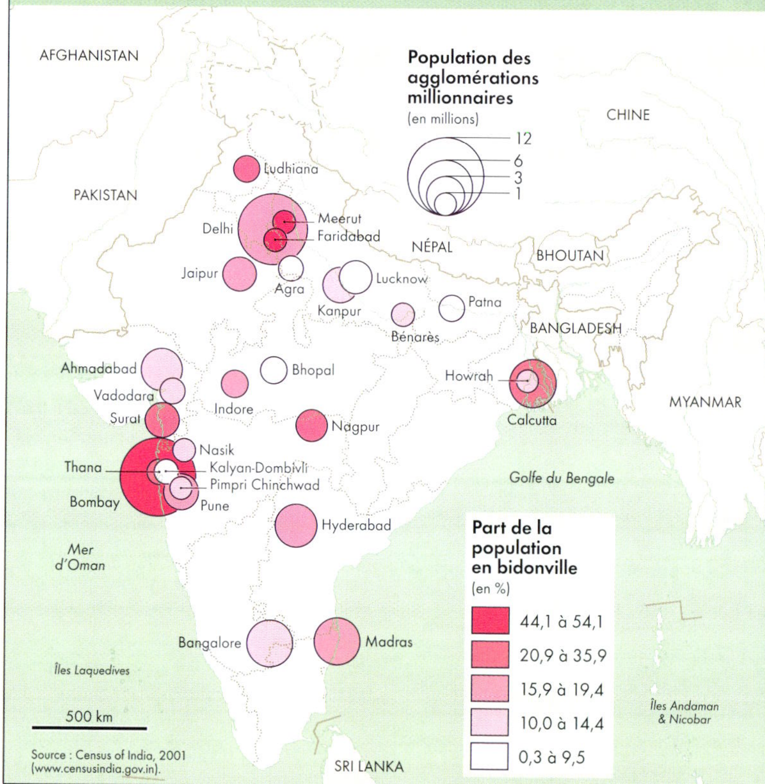

Source : Census of India, 2001 (www.censusindia.gov.in).

L'urbanisation et les *slums*. Les documents apportent deux exemples parmi d'autres : la carte de l'urbanisation présente une armature urbaine certes répartie de façon assez homogène sur le territoire, mais très dense (35 villes millionnaires en 2001). Il n'y a guère d'« exode » rural proprement dit en Inde, et les campagnes gonflent démographiquement tandis que les villes croissent avant tout du fait de la fécondité des citadins. Mais la croissance urbaine atteint encore 2,5 % par an, ce qui explique en partie la forte proportion des citadins vivant dans des *slums*. Ce terme, qu'on peut traduire par « habitat précaire », inclut non seulement les bidonvilles établis en matériaux de récupération, mais aussi un habitat en dur très dégradé ou construit illégalement : ce n'est donc pas, heureusement, la moitié des habitants de Mumbai qui vit dans des huttes, comme les statistiques pourraient le faire croire.

Plus de 90 % des stations de contrôle enregistrent des concentrations de particules supérieures aux normes de l'OMS. [...] 38 % des enfants de moins de 3 ans souffrent d'insuffisance pondérale.

India Infrastructure Report 2006, Oxford University Press.

ENT NON DURABLE

L'ÉVOLUTION DES UTILISATIONS DU FLEUVE KRISHNA

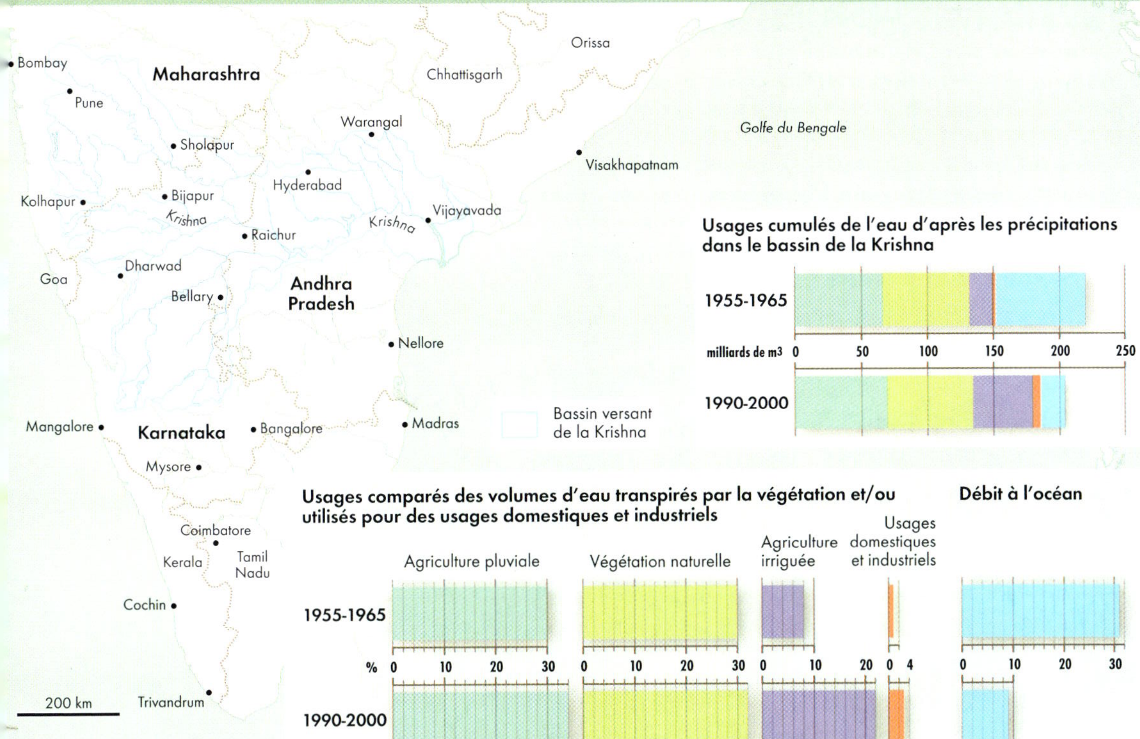

Source : J.-Ph. Venot, International Water Management Institute (Hyderabad office).

L'utilisation de l'eau : le bassin de la Krishna

Le graphique d'utilisation des eaux dans le bassin du fleuve Krishna témoigne de la situation extrêmement tendue dans le domaine hydrologique. La déplétion (utilisation effective de l'eau) du fleuve est désormais telle que, certaines années, elle réduit à néant la part de l'eau atteignant le delta dans le golfe du Bengale (on dit que le bassin est « fermé »). Il faudrait passer d'une politique de l'offre (construction de barrages) à une politique de gestion de la demande (économies d'eau), à moins de sacrifier le maintien des écosystèmes naturels et les populations qui en dépendent. Le changement climatique et la croissance à venir de la consommation citadine, pour l'heure encore réduite, ne peuvent qu'aggraver la situation : ceci alors même que c'est encore l'agriculture pluviale (non irriguée) et la végétation naturelle qui consomment l'essentiel des apports en eau, limitant du même coup l'écoulement et l'infiltration. Déjà les nappes souterraines, surexploitées par les nombreux forages paysans à destination de la riziculture, ont leur niveau qui décline dramatiquement, occasionnant même certains suicides chez les agriculteurs trop endettés.

Un développement durable possible ?

Dans le monde agricole, un agronome comme M.S. Swaminathan réclame depuis longtemps une « révolution doublement verte » (*evergreen revolution*) qui soit tout à la fois économiquement rentable, socialement équitable et écologiquement durable. Mais le souci de nourrir plus d'un milliard d'habitants encourage encore les pratiques très intensives ; et l'agriculture biologique ne peut espérer se développer dans les régions pauvres, où les agriculteurs ont certes des pratiques plus « écologiques », mais où les marchés sont distants et les structures sociales souvent très hiérarchisées.

Dans le monde urbain, un nouvel acteur a fait son apparition pour réclamer un environnement de meilleure qualité : il s'agit de la justice, et notamment de la Cour suprême de New Delhi, qui oblige l'État soit à légiférer, soit à appliquer les lois. Les juges sont soutenus par les classes sociales supérieures et moyennes, dont le mode de vie prétend se rapprocher de celui du Nord. Mais ceci se fait souvent au détriment des populations pauvres, dont les bidonvilles sont expulsés à la périphérie des villes, parfois sans indemnisation, et ce alors que le marché automobile, en forte croissance mais réservé à une élite de 8 % des ménages, est sans conteste un facteur de congestion et de pollution urbaine bien supérieur. Ne faudrait-il pas également prôner une politique de logement social ?

MADAGASCAR : UN LABORATOIRE POUR

Refuge d'une biodiversité unique au monde, aussi variée qu'originale, l'île de Madagascar est considérée par les naturalistes comme un sanctuaire. Pour les économistes en revanche, Madagascar figure parmi les pays les plus pauvres au monde, son IDH le classant au 143e rang sur 177 en 2005, ce qui se traduit par une grande vulnérabilité alimentaire. Protéger la biodiversité et améliorer les conditions de vie des hommes, ces deux exigences y sont donc deux impératifs qu'une ambitieuse politique environnementale tente d'utiliser.

> *Madagascar, paradis de la biodiversité et terre promise des BINGO's (grandes ONG internationales de conservation).* ”

LES 25 POINTS CHAUDS PRIORITAIRES POUR LA CONSERVATION DE LA BIODIVERSITÉ

Sources : N. Myers et al., « Biodiversity Hotspots for Conservation Priorities », Nature, n° 403, 2000 ; Conservation International (www.biodiversityhotspots.org).

Madagascar riche de sa biodiversité

L'exceptionnelle biodiversité de Madagascar, fruit d'une longue histoire insulaire, se concentre dans les forêts, où l'endémisme de la flore et de la faune est extrêmement élevé. Les lémuriens sont les symboles de cette nature, inépuisable objet d'investigations pour les naturalistes qui, tout au long du XXe siècle, ont cherché à la protéger. Les forêts sont en effet rongées par les défrichements réalisés par les paysans pour étendre les terres cultivées, produire des cultures commerciales ou vivrières comme le riz et fournir du charbon de bois aux villes. Mal évaluée et dramatisée, la déforestation s'est à coup sûr emballée à la fin du siècle : elle aurait progressé au rythme de 200 000 ha par an dans les années 1980, autant qu'au Sahel victime des sécheresses ! Selon un scénario bien connu, en perturbant les bilans hydriques et en accélérant l'érosion et la perte de fertilité des sols, la déforestation risque d'aggraver la pauvreté paysanne.

Les ONG et la conservation de la nature

Pour répondre à cette double crise, fut lancé au début des années 1990 le PNAE (Plan national d'action environnementale), un vigoureux programme bâti sur quinze ans, puissamment soutenu par la Banque mondiale, les bailleurs de fonds occidentaux et les grandes ONG internationales de conservation, les BINGO's (pour Big International NGO's), telles WWF (World Wide Fund), CI (Conservation International), WCS (World conservation society). Elles interviennent comme experts pour déterminer les cibles de conservation, comme concepteurs et comme principaux exécutants, en contribuant à la gestion des aires protégées. Le PNAE a expérimenté des stratégies de conservation souple, misant sur la gestion communautaire contractualisée des forêts, pour revenir ensuite à des actions plus classiques d'extension des aires protégées : le dernier volet (2003-2008) devait aboutir au triple des surfaces protégées, soit à la mise en réserve de la quasi-totalité des forêts.

LE DÉVELOPPEMENT DURABLE ?

LES ZONES PRIORITAIRES DE CONSERVATION

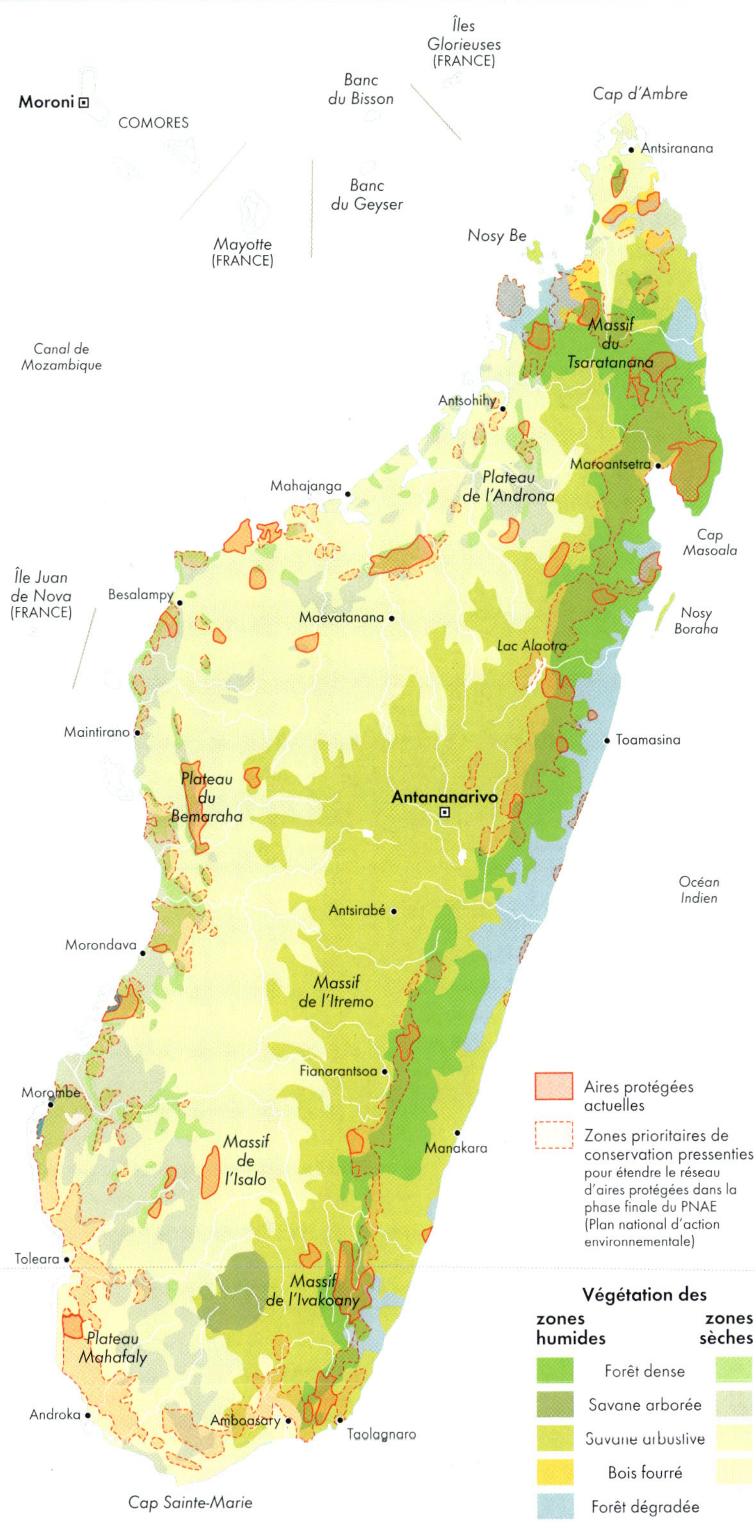

Sources : Office national pour l'environnement (www.pnae.mg) ; Foibe-taosarintanin'i Madagascar (www.ftm.mg).

Les nombreuses questions posées par la politique de conservation

L'application de cette politique soulève un ensemble de questions. La déforestation semble ralentie, mais au profit de qui ? Assurément, des scientifiques, des riches touristes et de l'opinion publique occidentale. Des BINGO's qui trouvent à Madagascar un champ d'action exceptionnel, source de prestige et de nouveaux financements. De l'élite citadine malgache, qui bénéficie d'emplois bien rémunérés dans le secteur environnemental. Des puissances occidentales, comme les États-Unis, qui à travers la conservation ont accru leur influence à Madagascar et pourraient à l'avenir exploiter le potentiel pharmaceutique et agronomique de la biodiversité…

En revanche, l'intégration des paysans demeure très floue, en dépit des méthodes participatives invoquées, des opérations de développement agricole dans les villages voisins des forêts et des balbutiements de l'écotourisme. Les populations locales n'ont en effet aucun pouvoir de décision face à des acteurs globaux en situation hégémonique. Leur situation économique demeure précaire, pénalisée par la trop longue absence d'une politique agricole d'ensemble, jouant sur les prix, la modernisation technique, l'amélioration des routes, l'éducation. Madagascar est ainsi en 2008 considéré par la FAO comme un pays soumis au risque de famine.

MESURER LE DURABLE : L'IMPOSSIBLE

La course aux indicateurs, tout comme l'invocation parfois incantatoire des vertus et de la nécessité de la modélisation, n'est peut-être pas la voie la plus efficace pour faire progresser la notion de développement durable. L'affirmation de Jean Baneth, ancien directeur économique de la Banque mondiale, mérite d'être méditée : « Un indicateur universel n'a strictement aucun sens [...] ; même les indicateurs, partiels élaborés à partir de la valeur pondérée de diverses statistiques, n'ont pas pour effet d'améliorer la compréhension de réalités complexes mais plutôt de les occulter et même de les déguiser. »

La difficile recherche du bon indicateur

Trois indicateurs de dimension mondiale. Le produit intérieur brut (PIB), l'indice de développement humain (IDH) et l'empreinte écologique cherchent à approcher les performances économiques des États, leurs réalisations en matières sociale, leur lien avec la dégradation de l'environnement. Ils semblent correspondre aux trois piliers du développement durable mais aucun n'est satisfaisant. Tous sont biaisés. Leurs méthodes d'élaboration sont discutables et discutées. Leur harmonisation est impossible.

Les faiblesses de ces trois mesures. Ces trois indices ne privilégient qu'un aspect du développement durable. Leur déclinaison locale n'est pas toujours aisée. Leur lecture révèle inégalités et contradictions. Que les pays qui ont la plus faible empreinte écologique soient parmi les plus pauvres de la planète fait ressortir la difficile conciliation de l'écologique et de l'économique. Que les marées noires, les accidents de la route, la consommation d'alcool et de tabac, et le traitement des cancers du fumeur, générant des flux monétaires, contribuent au gonflement du PIB, en fait ressortir l'ambiguïté et les limites. Les énormes écarts entre les trois cartes dressent l'impitoyable constat que la marche vers une harmonisation du social, de l'économique et de l'écologique est longue.

Un groupe d'experts au travail. Deux prix Nobel d'économie, Joseph Stiglitz et Amartya Sen, ont reçu pour mission, début 2008, du président de la République française, d'animer un groupe de travail de 25 spécialistes mondiaux qui réfléchisse au changement des instruments de mesure de la croissance économique, à la construction de nouveaux indicateurs intégrant notamment la notion de bien-être. Ce signal, si ténu soit-il, indique des amorces de changement dans les mentalités.

Le cahier des charges du bon indicateur. Prendre en compte la dégradation ou l'amélioration de l'environnement, des conditions de travail, du niveau d'éducation, de l'état de santé, des inégalités, être capable d'intégrer la qualité et l'innovation, les actions visant à plus de solidarité et d'humanité, le souci de l'avenir et de la réussite des jeunes générations, les prises de responsabilités individuelles et collectives, les propositions de solutions alternatives et leur crédibilité, constitue un cahier des charges susceptible de rompre avec les visions simplificatrices.

INDICATEURS DE RICHESSE ET DE BIEN-ÊTRE

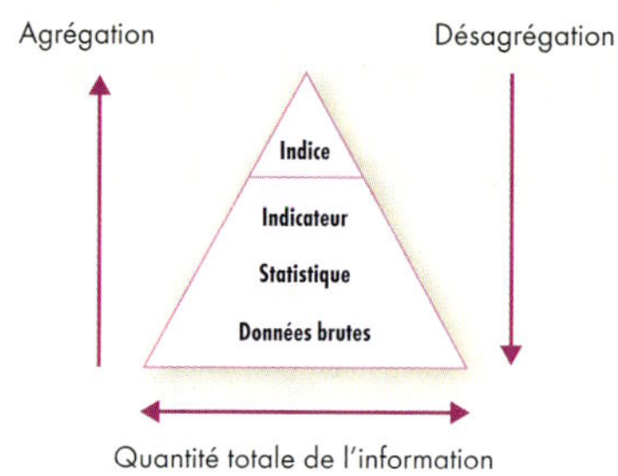

Sources : Centre de Munich pour la statistique économique, environnementale et sociale, 2000 ; R. Wintrebert, « Indicateurs de richesse et de bien-être. Des pistes de réflexion pour la commission Stiglitz », *Fondation pour l'innovation politique*, Paris, 2008.

CRITÈRES, INDICES, INDICATEURS

Les statisticiens jonglent entre la masse énorme des données brutes et la proposition d'un indice unique à la fonction synthétique mais aussi quasi magique. Pour mesurer et évaluer le durable, les impressions ne suffisent pas. Il faut pouvoir disposer de données objectives permettant de suivre des évolutions et de mener des comparaisons.

Rendre désirables les développements durables

Les indicateurs véhiculent des discours réducteurs. Plus qu'un modèle unique de développement durable, il importe d'encourager toutes les actions de développement. Construire un monde meilleur nécessite de repenser les solidarités entre riches et pauvres, de peser les choix politiques pour évoluer vers plus de justice spatiale et sociale. Quels acteurs doivent porter ces évolutions ? Les acteurs politiques d'abord et avant tout les États ou l'Union européenne, les entreprises petites et grandes mais surtout le plus grand nombre de citoyens dans un cadre démocratique.

Penser le devenir de la planète demande une vision positive du monde à construire. Il importe donc de réagir face aux discours dominants outrageusement pessimistes, culpabilisants et catastrophistes. Pour devenir réalité, les développements durables doivent porter une part d'utopie mais inscrite dans des territoires et portée par des hommes de bonne volonté.

HARMONISATION DES INDICATEURS

PIB, IDH ET EMPREINTE ÉCOLOGIQUE : BONS CRITÈRES DE DÉVELOPPEMENT DURABLE ?

Produit intérieur brut (PIB) en 2006

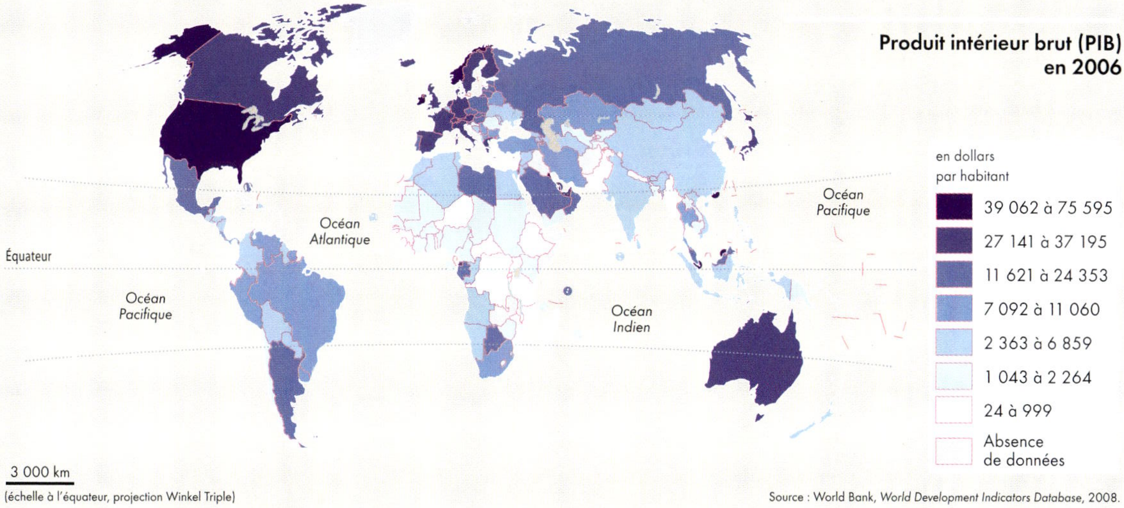

Source : World Bank, *World Development Indicators Database*, 2008.

Indice de développement humain (IDH) en 2005

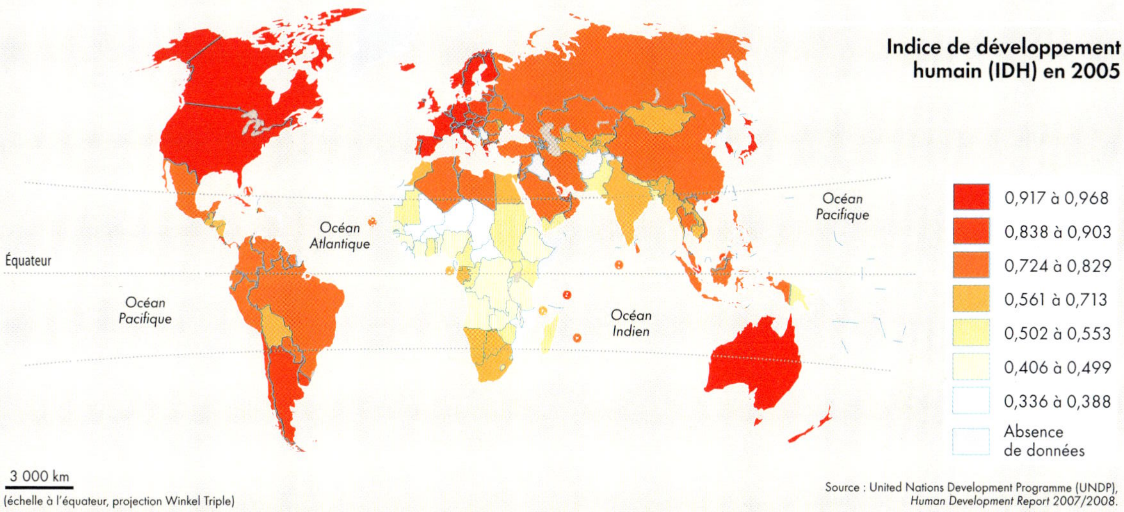

Source : United Nations Development Programme (UNDP), *Human Development Report 2007/2008.*

Empreinte écologique en 2003

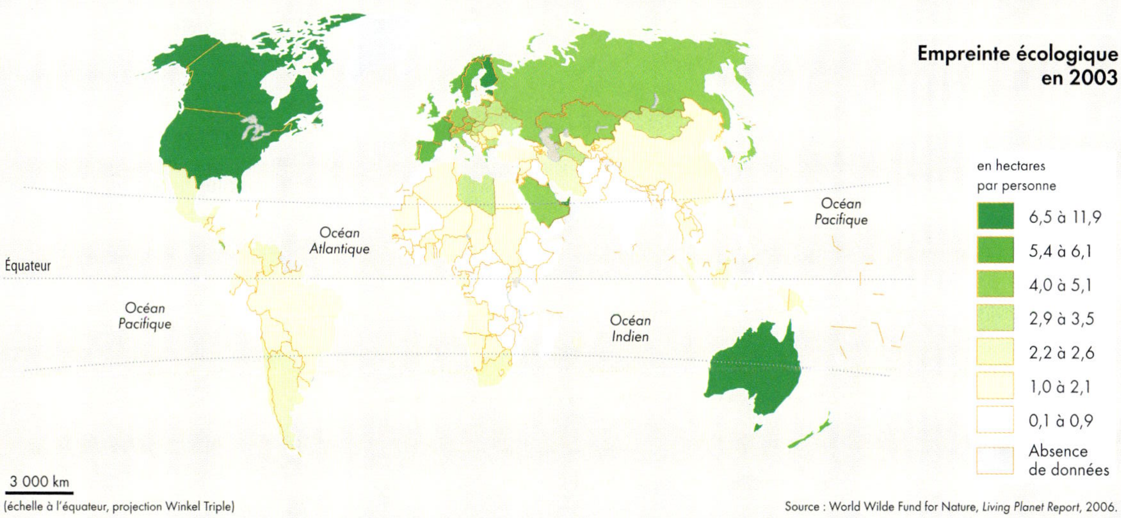

Source : World Wilde Fund for Nature, *Living Planet Report*, 2006.

LES AUTEURS

Jeanne-Marie Amat-Roze *p. 28-29 et 30-31*
Professeure à l'université Paris XII-Val-de-Marne, responsable Paris XII du master géographie de la santé, vice-présidente du CNFG.
Ses travaux et publications portent sur l'étude géographique des disparités de santé des sociétés. Elle a fortement contribué au développement de cette thématique qu'elle enseigne aussi dans de nombreuses facultés de médecine.

Nacima Baron-Yellès *p. 72-73*
Normalienne, professeure de géographie à l'université Paris Est-Marne-la-Vallée. Diplômée de magistère aménagement du territoire à Paris I, elle a été conseillère du délégué interministériel à l'Aménagement du territoire.

Guy Baudelle *p. 18-19*
Professeur d'aménagement de l'espace-urbanisme à l'université Rennes II, chercheur au laboratoire ESO (Espaces géographiques et sociétés) et titulaire d'une chaire européenne Jean Monnet.
Ses travaux portent sur l'aménagement du territoire dans l'Union européenne.

David Blanchon *p. 36-37*
Maître de conférences en géographie à l'université Paris X-Nanterre et chercheur au laboratoire Gecko (Géographie comparée des Nords et des Suds).
Il travaille actuellement sur les politiques de gestion de l'eau dans les pays du Sud, notamment en Afrique du Sud et au Soudan.

Emmanuelle Bonerandi *p. 28-29 et 30-31*
Maître de conférences à l'ENS LSH de Lyon et membre de l'UM environnement, ville, société.
Ses travaux portent sur les relations entre territoires, populations et politiques sociales de lutte contre la pauvreté et sur les campagnes fragiles et anciennement industrialisées.

François Bost *p. 44-45*
Maître de conférences à l'université Paris X-Nanterre.
Spécialiste de géographie économique et industrielle, ses travaux portent notamment sur les stratégies d'entreprise, la mondialisation de l'économie et l'insertion du monde en développement dans la mondialisation.

Denis Chartier *p. 70-71*
Maître de conférences en géographie à l'université d'Orléans et corédacteur en chef de la revue *Écologie et politique*.
Ses recherches portent sur le rôle des acteurs environnementaux dans la construction de nouvelles modalités de gestion de la crise écologique contemporaine.
Il travaille aussi à une analyse critique des politiques de développement durable dans les forêts tropicales.

Jean-Paul Charvet *p. 10-11 et 46-47*
Professeur de géographie agricole et rurale à l'université Paris X-Nanterre et consultant auprès de différents organismes agricoles ou para-agricoles publics et privés.
Ses travaux récents portent sur l'alimentation dans le monde, la mondialisation de l'agriculture et les rapports entre agriculture et développement durable.

Jacques Chevalier *p. 74-75*
Professeur de géographie à l'université du Maine et membre du laboratoire Gregum-ESO (Espaces géographiques et sociétés).
Spécialiste des villes et de l'urbanisation en Amérique du Nord, il s'attache plus spécialement à préciser comment les problématiques de développement durable, à la fois économiques, environnementales et sociales, s'insèrent dans la manière de concevoir l'évolution des agglomérations.

Annette Ciattoni *p. 34-35*
Agrégée de géographie, professeure de première supérieure au lycée Louis-le-Grand (Paris).
Elle a publié, en collaboration avec Yvette Veyret, *Les Fondamentaux de la géographie*, Armand Colin, 2007 et *Géographie et géopolitique des énergies*, Hatier, 2007.

Marie-Christine Cormier-Salem *p. 58-59*
Directrice de recherche à l'IRD (Institut de recherche pour le développement), directrice de l'unité de recherche « Patrimoines, territoires et identités » au Muséum national d'histoire naturelle.
À travers une approche de géographie sociale et historique et d'écologique politique, ses axes de recherche sont « les espaces littoraux et maritimes : pratiques et politiques (océans Atlantique, Indien) » et « conservation de la biodiversité et développement local ».

Élisabeth Dorier *p. 48-49*
Professeure de géographie à l'université de Provence, chercheuse au LPED (Laboratoire population, environnement, développement).
Spécialiste de géographie urbaine, elle s'intéresse en particulier aux approches politiques et sociales de l'environnement urbain, de l'eau et des déchets.
Elle a publié plusieurs ouvrages dont, en collaboration, *Ville et environnement*, Sedes, 2006.

Cyria Emelianoff *p. 50-51*
Maître de conférences à l'université du Maine, chercheuse au sein du Gregum-ESO (Espaces géographiques et sociétés).
Elle travaille sur les politiques urbaines de développement durable en Europe et sur les mobilisations environnementales locales en Russie.

Romain Garcier *p. 64-65*
Normalien, chercheur à l'université de Sheffield (Grande-Bretagne). Il est spécialiste de géographie de l'environnement industriel (pollution de l'eau, cycle du combustible nucléaire et déchets radioactifs, politiques publiques d'environnement).

Gérard Hugonie *p. 16-17*
Professeur de géographie physique (université Paris IV-Sorbonne) et directeur adjoint à l'IUFM de Paris.
Il poursuit des recherches sur les relations entre l'aménagement rural, la croissance urbaine et l'instabilité des versants en milieu méditerranéen, d'une part, et en didactique de la géographie, d'autre part.

Rémy Knafou *p. 38-39 et 62-63*
Professeur de géographie à l'université Paris I, directeur de l'Irest (Institut de recherches et d'études supérieures du tourisme), directeur de l'équipe de recherche MIT (Mobilités, itinéraires, tourismes).
Il est spécialiste du tourisme, thème sur lequel il a publié de nombreux ouvrages, seul ou en collaboration.

Frédéric Landy *p. 78-79*
Professeur de géographie à l'université Paris X-Nanterre (laboratoire Gecko, géographie comparée des Nords et des Suds),ancien membre de l'Institut universitaire de France et membre associé du Centre d'études de l'Inde et de l'Asie du Sud.
Il travaille sur les questions de décentralisation et de participation en Inde, en ville comme à la campagne.

Renaud Le Goix *p. 12-13*
Normalien, maître de conférences en géographie à l'université Paris I. Spécialiste de géographie urbaine, il s'intéresse plus particulièrement aux quartiers fermés et enclavés en milieu périurbain.

Fabrizio Maccaglia *p. 26-27*
Maître de conférences en géographie à l'université de Tours. Spécialiste de la Sicile, de l'Italie et de la Méditerranée, il travaille plus particulièrement sur les politiques urbaines, le développement des territoires, la gestion des services urbains et la criminalité mafieuse.

Géraud Magrin *p. 24-25*
Normalien, chercheur au Cirad (Centre de coopération internationale en recherche agronomique pour le développement), actuellement en accueil au sein du laboratoire Prodig (Pôle de recherche pour l'organisation et la diffusion de l'information géographique). Ayant pour principal cadre l'Afrique, ses recherches traitent de l'aménagement et de la gestion des territoires et de leurs ressources, ainsi que de la relation entre les activités extractives (mines, pétrole), l'énergie, les territoires et le développement.

Catherine Meur-Férec *p. 54-55*
Professeure de géographie à l'université de Bretagne occidentale, membre du laboratoire Géomer et de l'Institut européen d'études marines.
Son approche, d'abord orientée vers la géomorphologie littorale, s'est progressivement diversifiée et ouverte vers des questions de gestion du littoral, notamment la préservation des espaces de nature, les risques côtiers et la gestion intégrée des zones côtières.

Alain Miossec *p. 54-55*
Recteur de l'académie de la Guadeloupe, professeur à l'Institut de géographie de l'université de Nantes, directeur du CNFG de 1997 à 2002.
Spécialiste de géographie de la mer et des littoraux, il travaille notamment sur les questions relatives à la gestion et à la protection des zones côtières, et au tourisme littoral.

Sophie Moreau *p. 80-81*
Normalienne, maître de conférences à l'université Paris Est-Marne-la-Vallée, chercheuse associée au Gecko (Géographie comparée des Nords et des Suds).
Ses travaux portent sur les questions environnementales à Madagascar, en particulier sur les interactions entre les pratiques paysannes et les politiques de conservation de la biodiversité. Elle cherche aujourd'hui à croiser les questions environnementales et sociales, à travers la notion de justice environnementale.

Didier Paris *p. 52-53*
Professeur à l'Institut d'aménagement et d'urbanisme de Lille, directeur du laboratoire TVES (Territoires, villes, environnement et société), président de l'Aperau Internationale (Association pour la promotion de l'enseignement et de la recherche en aménagement et urbanisme), qui regroupe les instituts d'urbanisme francophones.
Ses travaux de recherche sont notamment orientés sur le thème de la mutation des espaces métropolitains.

Stéphane Rican *p. 30-31*
Géographe de la santé et statisticien MCU à Paris X-Nanterre.
Il est spécialiste de la géographie de la santé dans les pays développés, notamment en géocancérologie.

Gérard Salem *p. 30-31*
Professeur à l'université Paris X-Nanterre, responsable du master de géographie de la santé et directeur du laboratoire Espace, santé et territoires.
Géographe de la santé, il mène des recherches en Afrique et en Asie sur les liens entre urbanisation et santé, et en France sur les inégalités territoriales de santé.

LES AUTEURS

Thierry Sanjuan *p. 76-77*
Professeur à l'université Paris I Panthéon-Sorbonne, Thierry Sanjuan est spécialiste des questions urbaines et géopolitiques de la Chine.
Il a récemment dirigé le *Dictionnaire de la Chine contemporaine*, Armand Colin, 2006, et publié l'*Atlas de la Chine, les mutations accélérées*, Autrement, 2007.

Laurent Simon *p. 60-61*
Directeur de l'UFR de géographie de l'université Paris I.
Spécialiste de biogéographie, il a déjà écrit plusieurs ouvrages, dont un sur la *Géographie de l'environnement* (Belin, 2007, en collaboration).

Jean Soumagne *p. 40-41*
Professeur de géographie et d'aménagement urbain à l'université d'Angers, membre du laboratoire Carta-Espaces et sociétés CNRS.
Ses travaux portent principalement sur le commerce de détail, sa répartition, ses mutations technico-économiques et son insertion dans le tissu urbain et rural. Il développe des recherches et publie sur les rapports développement durable et commerce.

Dietrich Soyez *p. 68-69*
Professeur de géographie émérite, département de géographie, université de Cologne, Allemagne, invité à l'université Sun Yat-sen de Canton (Chine).
Dans des espaces tels que l'Allemagne, la Scandinavie, le Canada ou la Chine méridionale, il travaille, entre autres, sur les questions environnementales à travers une approche de géographie économique et industrielle.

Martine Tabeaud *p. 56-57*
Professeure de géographie à l'université Paris I, chercheuse au sein de l'unité de recherche Espaces, nature et culture et au Centre de biogéographie écologie (Biogéo).
Elle a écrit, seule ou en collaboration, de nombreux ouvrages, en particulier *Climatologie et environnement*, Armand Colin, 2000, et *Les Climats*, Armand Colin, 2004.

Jean Varlet *p. 42-43*
Professeur de géographie à l'université de Savoie et chercheur au laboratoire Edytem (Environnements, dynamiques et territoires de la montagne), président de la commission de géographie des transports du CNFG (Comité national français de géographie).
Il est spécialiste de la géographie des transports, notamment des interactions entre réseaux de transport et territoires.

Pierre Zembri *p. 14-15*
Normalien, professeur de géographie à l'université de Cergy-Pontoise et chercheur au laboratoire Mobilités, réseaux, territoires et environnement (EA 4113, MRTE).
Spécialiste des transports, il consacre actuellement ses travaux à l'impact des politiques de déréglementation sur les réseaux et les territoires.
Il est coauteur d'une récente *Géographie des transports*, Armand Colin, coll. « U », 2005.

BIBLIOGRAPHIE SÉLECTIVE

Les ouvrages présentés dans cette bibliographie sont un choix des auteurs pour permettre aux lecteurs de découvrir l'histoire de la notion de développement durable, d'en comprendre les différentes facettes. Il va de soi que chaque sujet abordé dans l'atlas peut faire l'objet d'une bibliographie plus étoffée.

AUBERTIN C. ET VIVIEN F. D., *Le développement durable, enjeux politiques, économiques et sociaux*, Paris, La Documentation française et IRD, coll. « Études », 2006.

BARBAULT R., CORNET A., JOUZEL J., MÉGIE G., SACHS I., WEBER J., *Johannesburg 2002, Sommet mondial du développement durable, Quels enjeux ? Quelles contributions de scientifiques ? Paris, ministère des Affaires étrangères*, ADPF, 2002.

BAKER S., *et al.* (édit.), *The politics of sustainable development*, Routledge, 1997.

BRUNEL S., *Le Développement durable*, Paris, PUF, coll. « Que sais- je ? », 2004.

BRUNDTLAND H.G. (edit.), *Our Common Future*, WCED, Oxford University Press, 1987.

DUCROUX A. M., *Les Nouveaux Utopistes du développement durable*, Paris, éd. Autrement, coll. « Mutations », 2002.

GAUCHON P. (sous la direction de), *Géopolitique du développement durable*, Paris, PUF-Major, 2005.

LÉVÊQUE C. et SCIAMA Y., *Développement durable. Avenirs incertains*, Paris, Dunod, coll. « Quai des sciences », 2005.

MARTIN J.Y., *Le Développement durable, doctrines, pratiques, évaluations*, Paris, IRD, 2002.

MIOSSEC A., ARNOULD P., VEYRET Y., *Vers une géographie du développement durable*, Paris, Historiens et géographes, UGI, CNFG, 2004.

SACQUET A.-M., *Atlas mondial du développement durable. Concilier économie, social et environnement*, éd. Autrement, coll. « Atlas/Monde », Paris, nouvelle édition 2008.

SMOUTS M.-C. (sous la direction de), *Le Développement durable, les termes du débat*, Paris, Armand Colin, 2005.

VEYRET Y. (sous la direction de), *Le Développement durable, approches plurielles*, Paris, Hatier, 2005.

VEYRET Y. (sous la direction de), *Le Développement durable*, Paris, éd. Sedes, 2007.

VEYRET Y. et GRANIER G., *Le Développement durable. Quels enjeux géographiques*, Paris, Documentation photographique, La Documentation française, 2006.

VIVIEN F. D., *Le Développement soutenable*, Paris, La Découverte, coll. « Repères économie », 2005.

SITE INTERNET

Le site de référence pour les enseignants d'histoire et de géographie du second degré mais aussi pour tous les curieux des questions de territoire est le site Géoconfluences, dont les liens vers les sites de référence sont extrêmement nombreux.

http://geoconfluences.ens.lsh.fr/

Géoconfluences, un espace de partage et de ressources, proposé par la DGESCO (Direction générale de l'enseignement scolaire) et l'ENS LSH (École normale supérieure lettres, sciences humaines) à Lyon, le ministère de la Jeunesse, de l'Éducation nationale et de la Recherche.

INDEX

Les chiffres en gras renvoient aux doubles pages qui traitent du thème, les chiffres en italiques aux cartes ou aux infographies.